本书获二〇二〇年贵州省出版传媒事业发展专项资金资助

贵州杂谈

逛吃贵州

◎ 周之江 著

孔學堂書局

本书获2020年贵州省出版传媒事业发展专项资金资助

图书在版编目（CIP）数据

逛吃贵州 / 周之江著. — 贵阳：孔学堂书局，2021.10（2025.6重印）

（贵州杂谈. 第一辑）
ISBN 978-7-80770-268-9

Ⅰ. ①逛… Ⅱ. ①周… Ⅲ. ①饮食－文化－贵州 Ⅳ. ①TS971.202.73

中国版本图书馆CIP数据核字（2021）第082188号

贵州杂谈（第一辑）
逛吃贵州
周之江 著
GUANG CHI GUIZHOU

策划编辑：张发贤
责任编辑：张发贤　陈　真
书籍设计：张　莹
封面绘画：坡子吕三
排版制作：刘思妤
责任印制：张　莹

出　　品：贵州日报当代融媒体集团
出版发行：孔学堂书局
地　　址：贵阳市乌当区大坡路26号
印　　制：北京世纪恒宇印刷有限公司
开　　本：889mm×1194mm　1/32
字　　数：160千字
印　　张：8.25
版　　次：2021年10月第1版
印　　次：2025年6月第4次
书　　号：ISBN 978-7-80770-268-9
定　　价：39.80元

版权所有·翻印必究

总序

一泓水影浣尘衣

有一年的春天，中国诗教学会在贵阳花溪孔学堂举办樱花雅集。我说到我最喜欢的一首唐诗——刘长卿《逢雪宿芙蓉山主人》："日暮苍山远，天寒白屋贫。柴门闻犬吠，风雪夜归人。"我十五岁离开家乡贵阳，在远方想家的时候，这首小诗常常给我一份温馨的慰藉，恍然觉得那个"风雪夜归人"的背影，就是我自己的背影。那天周之江也在现场，我记得他竟当场就写了一首小诗，来回应我。诗云："君诗自是照明玑，调迫唐人近亦稀。莫唱溪山无唱和，一泓水影浣尘衣。"我那个"背影"他也就一直记住了，证据就是最近他将他编的一套新书《贵州杂谈》寄给我，要我写几句话。打开一看，噫！满满的乡愁，沛然莫之能御。之江晓得"风雪夜归"以及"杯盘狼藉"之后，一定就是像这套书一样的"围炉茶话"：里面全是旧人旧事、那山那水，其实就是每年之江与我茗聚的纸上延伸。余未人先生写我小时候熟悉的南明河，写花溪；周胜先生写贵州大历史"旮旯里的人和事"，我也想起我认识的家乡的一些小人物；之江谈各种贵州小吃，都是我每年回家要一一品尝的——阅读书稿的过程，也就是一路心魂跟跄、情牵梦萦的追索过程。因而今天的我整个人陷入一种剪不断理还乱的意识流之中。

顺着之江兄的诗句"一泓水影浣尘衣"，渐渐清晰起来的是与三条水有关的意识。或许是这三条水的背后都有温婉的女性的面影在晃动？第一条水是贵州都匀的剑江。上世纪七十年代，我在那里度过了八年的工人生活。那个厂子就在剑江边上，我们当年还为工厂修过一条坚固的防洪堤。夏天我们常常去江边唱歌、弹琴、洗衣，还下水游泳。有几回夜里跟车间里的大学生师傅（毕业于上外德语系的高材生）一起到江边去看星星，听他教我们如何识别星座。这条水的背后有我乔师傅那可爱的小女儿的面影。每周末，我去帮师傅干活，师傅包的山东水饺一口一个，新鲜美味；而师傅家的小女儿一口一个"小明哥"，则香甜爽脆。现在师傅不在了，师傅的小女儿还常常说要给我包饺子吃，但我常常得到的只是微信上的一幅美图而已。

第二条水是花溪河。读大学的时候，每年的十一月，我在里面游泳，顺着十里河滩往下漂流，然后穿好衣服再走回学校。那是一条多么乡气十足、疏野不羁的河，又是一条多么天真单纯、幽丽明澈的河！那时候我也曾想一定要游到长江去，游到大海去。后来我求学和工作的城市，确实跟长江很近、跟大海很近,但是我却没有去长江、大海里游过一次泳。相反,近几年来冥冥中似有看不见的手带我回到花溪水畔,也引我下去游过几回。更不可思议的是,近些年我为花溪河写的诗歌与文字,比我为四十年来生活的上海要多得多。

这些年来,我的魂梦更引着我回到花溪河的上游,一个叫作天鹅寨的地方。那是十三岁那年我跟母亲一起生活过一个春天的地方。母亲是去搞文宣工作,白天下地,晚上开会。有一次晚上来了指示,母亲夜里起身去宣传,在回来的山路上手电筒没有电了,旁边就是水库的万丈深渊!然而春天里那是何等的一个满山翠绿、野花遍地、风景迷人的山乡!我每天的工作就是带着一个耙子、一个篓子,满村去拣牛粪。牛粪晒干了,是可以作为燃料的。至今我还忘不了那早晨的炊烟与牛粪混合的新鲜气息;也忘不了要从水库边挑水上坡,那一路羊肠小道好艰难!我记得是住在一个庙里,还有两个刚毕业不久,从贵阳来的年轻乡村女教师,每天她们的欢歌笑语飘漾在花溪水库碧悠悠的水里。花溪河在两山之间平静地流过,一根铁缆系于两岸,一只船套在铁缆下,划船的人拉着这个铁缆就把船摆渡到对岸了。春天里,她们带我坐船去河对面采摘山坡里的蕨菜和田埂上的折耳根与小苦蒜。晚上又给我做了一种很好吃的汤,叫"榄豆汤"。尺波电谢,几年前,当我再去寻找天鹅寨,发现水没有那么清,河也没那么宽了,最重要的是两岸居然没有一点绿,全部变成了枯干的山坡，这个对比太触目惊心，也是我百思不得其解的。也许我走错了路，没有找到真正的天鹅寨。我一直不敢多想。

最后一条水，是我经常梦到的南明河。我家就在余未人老师所写的甲秀楼再往里面走，过去叫南明公园的地方。那时南明河的河水非常清，夏天我们在那儿游泳。它是一条有野性的河，看起来平静，其实我们知道它是野的，对它有一点敬畏之心。有几回我们跟河对岸的人打过群架。我家马路对面的河边，是省委统战部的一个很大的院子，我们每天都会到统战部锅炉房去捡煤渣（焦炭里那些没有完全烧尽的煤渣，捡回来以后可以做燃料）。捡煤渣是要抢的，每天都有很多小孩子在那个时刻从家里赶来。最美妙的是每个周末，大院里都有露天电影，我们会扛着长长的板凳去那里早早地占位子，然后在满天的星光与夏日的晚风中，度过少年时的光影时刻。南明河岸边，还有一条梧桐林荫道，它有一个美丽的名字叫西湖路，我家就在西湖路一号。当然这条道路现在不知为何已经被封闭，成为内部道路了。小学和初中时，我每天都在那条路上学、放学。最"清澈"的记忆是每天都会碰到一个短头发的女孩子，几乎是在相同的时间，相同的地点，迎面而过。从来不说一句话，甚至照面时也没有对视。但如果没有遇到，那一天会有一种空落落的感觉。那种少年的心绪是非常美好而终身难忘的。

周之江的缤纷鲜美的美食山谷、余未人的黔南黔北旧事、周胜的"旮旯里的人和事"、龚雪的茶香世界与冉景丞的野性贵州视角迥异，各具特色。我唯一的遗憾是他们好像都没有写到那山、那水、那人、那事背后的那个女孩子。我相信他们一定会继续写下去。我不时在上海遇到来自贵州学艺术的女孩子，都会告诉她们贵州的山山水水有一种天然神秘的艺术气息，她们要相信自己身上都已经充盈着大山的灵气，画的画就是好看，唱的歌就是好听。而贵州充满了自由、野性、葱绿，我一直是这样认为的。

胡晓明

二〇二〇年十二月二十六日

目录

001 一"饭"之遥

002 懂得路边觅食,不枉人生过客

007 人说开阳好风光

013 铜仁美味担当锅巴粉

018 三朝桥边最美酸汤鱼

022 要吃羊肉,哪能不惹一身膻

028 旧时风俗"游百病"

032 奇而不怪的牛羊瘪和寡蛋

037 非两碗不能过瘾

042 没有长桌不成宴

047 日渐式微的贵州狗肉

1

051 **好吃不怕巷子深**

052 闻名不如见"面"

059 牙巴丝丝丝娃娃

063 路边寻味,旧事上心头

071 愿做米粉"粉丝"的朋友举个手

075 宫保鸡丁正"宫"之争考

078 黔式快餐数烫菜

082 宵夜江湖二三事

088 曾借临河楼小坐

092 天下油炸是一家

096 "隐"君子豆腐

100 抟而食之糯米饭

目录

103　家常滋味长

104　"粽"口难调说粽粑

112　脆哨、油渣不同，唯黔人能辨

115　糟辣椒捧一切

119　关于猪油和冰粉的"回忆杀"

122　何以取暖，唯有火锅

126　中年"油腻"，菜薹可解

130　"家的味道"红烧肉

134　"豆"是这个味

141　杜门在家学做饭

144　时候一过，便不再候

149 大好风物山中来

150 贵州菜"最佳伴侣"折耳根

154 杨梅红时雨

157 春天的味道,都在饭桌上

162 谁解山野刺梨妙

166 童年记忆地萝卜

170 红子莓及某个朋友吃人口水的糗事

175 犹忆黔式洗沙月饼味

178 攥着小拳头的蕨菜

182 谷雨后,樱桃红满市

185 "胡豆"如何讹"佛豆"

188 秋风起时尝新米

195 辣到痛处成痛快

201 "三天不吃酸,走路打蹿蹿"

206 温柔一刀属冲菜

209 "误食而生幻觉,就会着魔见鬼"

212 "马屎坨"不可以貌取

目录

215 饮食无非人情

216 唯烧烤与啤酒不可辜负

223 一饮一啄无非乡思亲情

227 爱吃猪油就别怕贴膘

231 因有冷食留野趣

235 所谓柴火味,正是人间烟火气

239 记忆里的"香蕉"分外甜

243 后记

一 『饭』之遥

懂得路边觅食，不枉人生过客

新世纪以来，贵州的交通建设是个亮点，全国瞩目，西南交通枢纽之名，早非纸上谈兵——通过贵阳铁路枢纽和国家已经建成的其他高速铁路，贵州与相邻省会城市和其他主要城市实现了高铁连接，从东南西北四个方向全面进入了全国基本建成的"四纵四横"高速铁路网络。此外，贵州到长三角、珠三角、京津冀和川渝滇的快速通道也已全面贯通。

而高速公路的综合密度，后进的贵州，居然也排到了全国前列。后发赶超，后来争先，后劲十足，不能不为家乡骄傲。

然而，吃货心中的公路，除了提供出行之便、促进经济发展之外，还有特殊的意义。这样说吧，公路沿线，也是点缀着各色美味的"觅食"第一线，好些贵州特色餐饮，如今只有一"饭"之遥，岂容错过。

对于普通老百姓而言，肯定记不住那许多纵横交错的铁路网络，简单拿时间做判断，邻近的川渝两省市，坐上高铁，到成都如今只是两个半小时左右，到重庆两个小时多一点，朝发午至，一早出门，中午就能到重庆吃朝天门的火锅，到成都啃玉林路的

兔脑壳。还是这条线路，到遵义还要不了五十分钟，直接赶得上去吃早餐，至于豆花面还是羊肉粉，全看各人的喜好不同。

但是，便利归便利，火车飞驰而过，也不免与路途中的美食失之交臂，略存遗憾。

贵阳到遵义，倘若自己驾车，而且不大赶时间的话，至少有两到三处值得一尝甚至可说是不容失之交臂的选择。

头一个必须要安利的，是乌江鱼。

对贵州人而言，遵义乌江边的这个小镇，可不仅仅意味着当年红军曾在此突破天险而已。高速路旁边的匝道下去，开不多久，便抵达江边。沿路密密麻麻若干家馆子，都以乌江鱼为招徕，远远见车到，便有小妹站在路边招呼，吃饭之外，还可免费洗车，热情得让人立马犯上选择困难症。至于孰优孰劣，各人看法不同，我的经验很简单，照直找一家生意最火爆的进去就是了，味道一准差不了。

乌江鱼以当地所产的江团、江黄、黄辣丁为主要食材，活鱼现点现杀，刮鳞去内脏，洗净后砍成大坨，加豆瓣、辣椒、生姜、泡酸菜、花椒、蒜片、葱节、料酒等，快火烹饪。印象中厨师似乎皆中年粗豪男子，夏日苦暑，往往赤膊着一围裙，大汗淋漓，于油烟火光中奋力翻炒，旁边观看，莫名其妙地便能增添食欲。话说等不多时，一大锅端将上来，香辣诱人，不可缺少的还有当地所产老豆腐，建议至少点上三到四盘，早点煮进去，待其慢慢入味。

我不大能食辣，开吃便得配白米饭，不出意外地，二十分钟后辣味渐渐煮进鱼肉和配菜里，舌头受不了，感觉像是肿大了好几倍，一杯一杯冰镇可乐、雪碧灌下去也不管用。但是真好吃，怎么也下不了决心停筷子，尤其老豆腐越煮越安逸，鱼汤的鲜辣尽数吸纳其间，甚至还要超过鱼肉之美。盛进碗里的白饭便不再吃，只用于吸油吸辣味。

记得某次陪几位上海客人路过乌江，他们不能吃辣，便单点了一份酸菜乌江鱼，越吃越没味，居然弃而不食，悉数转到我们这锅，吃到眼泪与鼻涕横流，犹不舍得停手。

不骗你，贵州火锅，种类繁多，能称得上"痛并快乐着"的，乌江鱼排名不是第一，也是前三。而且很奇怪，遵义市里乃至省城贵阳，也前前后后开过不少家乌江鱼的分店，要说食材做法，应该也都大同小异，但吃起来就不是那个味，以至于很多地道的老饕馋将起来，还是宁愿开上个把小时的车，到乌江边上过把瘾。

某天在微信朋友圈看到老友择红兄发文说："周末在家闲坐，忽思乌江鱼美，因脑洞大开，微信与电话齐飞，威逼共利诱同用，邀约了平坝、花溪、金阳、开阳等地同学十数人同往寻郑传明兄打秋风。鱼鲜鸡美，酒足饭饱，得偿所愿，不亦快哉？因思偶然起念，远胜刻意安排为乐；而看传明兄招呼吃住，赔着笑脸破财，尤为至乐也！因抬灰韵，吟成一律，以志其事。"诗曰：

　　微信轻敲脑洞开，呼朋唤友息烽来。
　　乌江鱼共真情煮，阳朗鸡随旧谊煨。

豪饮多杯人不醉，欢歌数曲酒频催。

天明各自往家返，偷笑传明又破财。

文中写到的"鱼鲜鸡美"，这便点出了另外一味美食，故不爱吃鱼也无妨，多开几十公里路，到息烽县的阳朗坝吃辣子鸡好了。息烽也是鄙省有名的爱国主义教育基地，即著名的息烽集中营，与重庆白公馆、渣滓洞集中营和江西上饶集中营齐名，罗世文、杨虎城、小萝卜头、马寅初等都曾囚禁于此。

还是老规矩，找一家生意好的店，落座后，自己去选一只肥大公鸡，也是现杀现做，调料配制据说有独得之秘，另有一特色在于用高压锅增速。待鸡肉上桌，又糯又辣又香，不要其他菜，就可下白饭三大碗。阳朗辣子鸡还有个好处，是除了吃，还可带走，真空包装，买上几盒回家，送人自食皆宜。

不能吃辣，那就再辛苦一点，继续开上几十公里，下高速，走一段老路，到修文扎佐，吃酸菜蹄髈可也。贵州人做蹄髈，选定上好猪肉之后，还讲究先过油，去其油腻，且猪皮经油炸便久煮而不烂，吃起来略带酥脆，起气孔，易入味，口感别致。同煮的酸菜也是店家自己泡制，清爽减腻，中和了蹄髈的肥腴，诱惑你不知不觉吃到过量。

肉足饭饱，重新上路，浑身上下，每一个毛孔都舒坦无比，至于耽搁的那一点路程，跟你在美食中获得的满足相较，实在不算是个事。要知道，人生如逆旅，只知道匆匆忙忙赶路的人，那就真成不懂欣赏的过客了。

人说开阳好风光

贵州风光,往往深藏不露,外人不知,每当偶遇,叫人赞叹莫名。

庚子初夏去开阳,就有新的惊喜。当地政协邀请,起因是构皮滩水电站蓄水后,当地形成将近三十平方公里水域的库区,即开州湖,沿途风景颇佳,未来可发展旅游云云。

在开阳县城乘车,差不多一小时盘山公路下去,越开越低,海拔降到五六百米。到开阳港上船前,当地海事部门的同志介绍说,这是贵州唯一一条可以直接通江达海的航线,乌江航道通航后,船舶从此出发,途经瓮安、余庆、思南到沿河,沿河出境后即到达重庆彭水、涪陵,进入长江,据上海的航运距离约二千八百公里。

贵州航运的历史不短,没有专门研究,至少就我所知,明清以来,清水江流域的木材交易,便主要通过水运实现。中山大学教授张应强先生,贵州毕节人,著有《木材之流动:清代清水江下游地区的市场、权力与社会》一书,其中便讲到清水江流域拥有丰富的林业资源,尤以盛产优质木材而名扬天下。早在明代便已成为重要的皇木采办地区之一，嘉靖、万历年间，就已有客商进入贵州进行林贸活动。清代开辟苗疆后，"商贾络绎于道，编巨筏放之大江，转运于江淮间者"，"黎人之以木富，其庶几矣"！光绪年间黎平府木材"每岁可卖二三百万金"。利之所趋，商贾蝇集，不仅使得当地的商品经济活动十分活跃，而且形成了一个涉及长江下游乃至全国的木材贸易市场体系。如果任由所谓市场"看不见的手"自我调节，其后果可想而知。此书要说明的，就是在这一历史背景下，地方政府如何强力介入，建章设制，"不仅对规范清水江的木材贸易本身发挥了直接而重要的作用，而且对区域社会的发展产生了极其深远的影响"。

如果有人在看过此书后，兴起前往清水江访古的念头，那或许算是鄙人的一个意外收获。

说回主题，库区取名开州湖，倒是古名，明崇祯四年置开州，民国时代，一度易名紫江县，后改称开阳县，沿袭至今。

不叫开州的原因，据说是容易重名，就我所知，好像不止民国时的直隶有，唐代杜甫《寄常征君》诗云："开州入夏知凉冷，不似云安毒热新。"注引《九域志》，说是："开州，东至夔州云安县龙目驿，二百九十里。"看来当时在四川或者说巴蜀境内，也有地名叫作开州。

小时，父母在黔南的瓮安县工作，每到寒暑假，送我回贵阳，不到两百公里路程，在九弯八绕的盘山公路上，叽叽嘎嘎直响的大客车要开足七八个小时，屈指算算，时速只二十多公里。

而中午打尖,都在开阳县,但从未进过城,车子停靠在破破烂烂的客车站,旁边有家更为破破烂烂的小馆子,惯例是点一碗馄饨充饥。

回想起来,那味道真是"凄惨",糊辣椒加一点葱花几滴油,面皮之下,几乎吃不到馅,大概包的时候就是用筷子蘸了一两粒肉末放进去,这是将近四十年前的旧事了。某次到开阳县出席一个论坛,让我上台发言,还讲到这段故事来着,开玩笑说,一度差点以为当地的馄饨是不放馅的。

今非昔比,旧貌变新颜。

好了,接着讲船上的见闻,差不多花了三四个小时,我们一行二十来人自开阳港出发,畅游开州湖,沿岸风光,时有可观,大觉不虚此行。

游程中特别值得说说的,一处是吊水岩——瀑布自半山倾泻而下,其上还有养鱼人家,绿树浓荫掩映之中,隐约可见,观其水之清澈,可知这水养出的鱼定然好味。让我们帮忙,给这处景点想个名字,七嘴八舌议论完,结论是,土名甚佳,吊水岩的"吊"字实在用得太好,试想瀑布自半山而下,确实就像吊在岩壁上,古代诗人炼字的功夫,也不过如此。韩愈诗云:"剥苔吊斑林。"孟郊诗云:"斜月吊空壁。""吊"字的用法,都还在意料之中,似乎尚不如用来形容瀑布来得更出人意表。

此外,两岸山石亦美,且变化无穷。以至于同行的画家朋友感叹,说是从中可悟出中国山水画的皴法来。

还有处特别奇妙的,为岩壁上有一块远看似人脸,须发俱在,鼻梁挺直,眉眼深邃,简直巧夺天工,不可思议。

下船处为开阳县龙水乡,也是贵阳海拔最低的一个乡镇,五百米出头,大概只是省城海拔的一半。当地主事者带路,爬上龙翔公园高处,水光山色,愈发迷人,湖中小岛,绝似两只将头伸进湖中饮水的大鳖,而还有一截河岸,就像鳄鱼的头部,半浸水中,也叫人啧啧称奇。

晚饭就在乡政府的食堂解决,几碟简单的凉菜和炒菜外,主角是两只火锅——其一为酸汤鱼,而且还是乌江里的野生鱼,先煮鱼块,再涮鱼片,细嫩多脂,鲜滑甘美,鱼头尤佳。可惜筷子伸慢了一步,鱼鳔没能吃到嘴,小小遗憾。

另一则"长汤",也就是猪大肠火锅,据说当地有几个乡镇,凡办喜事,必须有此一味,取名"长汤",或者也是借其谐音,寓意"长长久久"。肠子处理得真是好,既无异味,又保留了肠子该有的味道,恰到好处,也是酸汤煮,似乎也多少中和了肠子的油腻,肥腴饱满,不舍停箸。

最后上一大钵蔬菜,显然是新自地里摘来,清甜莫比,而这也是在乡镇食堂吃饭的一大福利,即厨师水平过关,便能有加分项,加在新鲜二字上。

贵州的好风光与好味道,某种意义上,都带着特别的野趣,人未能识,固因开发不足,宣传略欠,等的就只是一个借船出海的机会。

开阳还有好东西,即当地出产的菜籽油、枇杷、葡萄、富硒茶叶等农产品,名声在外,甚至有钱难求。不过,我更中意的却是开阳的一个热销土特产——麻辣土豆丝,当地网站上的介绍说,它是"硒乡一绝,是贵州的名特优产品,具有'麻、辣、香、酥、脆'的特色。它以传统的手工艺制作而成,不添加任何色素和添加剂,其色泽金黄、麻辣酥脆,素有'一里香、千口脆'的美誉"。窃以为未点中要害,我的意见,其最妙之处在于,以开阳本地的上等菜籽油炸成,口感醇香,怎能不添色。

开阳美景,还有一个较集中的去处在十里画廊,包括禾丰和南江乡的十来个村寨,有山有水有坝子,步步皆景,一派农家风光,既有好风光,也有好风物。且毗邻贵开高等级公路,开车去还要不了一个小时。

所谓"坝子",在中学地理书上的解释是山间的小盆地,贵州多山,是中国唯一没有平原的省份,这种"小坝子"宜于农业生产,便显得尤为珍贵。春暖时节,十里画廊的坝子里满坑满谷油菜花开,小立斜阳,四围山色翠绿,随处还点缀着黑瓦白墙的房舍农居,别有风味,益增秀色。

更难得的是,当地土壤富含硒元素,据说能提高人体免疫能力,促进淋巴细胞的增殖及抗体和免疫球蛋白的合成。故而所生长的油茶籽和茶叶等农产品,品质特出。开阳素有种植油菜的传统,贵阳人吃菜油,尤其看重开阳出产。须知本地人家家户户必不可少的一味厨房佐料乃是家制的油辣椒,以开阳菜油制之,倍加香稠浓黏，勾人食欲。

十里画廊另有一个美味是葡萄，每到成熟季节，我们一干朋友都会结伴同往。温州人周朝军兄，学农出身，长我两岁，扎根贵州二十年，成为远近闻名的"果先生"。他的葡萄园不知凡几，总之面积不小、出产极丰就是了。

品种据说有二十几个，椭圆正圆、淡紫深紫、纯甜微酸……名字我一概记不清楚，只晓得风味各异，一样样尝下来，鼓了肚子甜了嘴，周围散散步，找个农家乐，点一桌子土菜吃，拿他自酿的葡萄酒佐餐——我这个同乡兼家门的好友，还费了好几年时间，扎扎实实研究葡萄酒制作工艺，酿造成功，据懂行者品尝后的评价，口感已经相当不错。蒙他好意，赠有两瓶，没标签没包装，只贴了小小一块胶布，上面拿钢笔写有出产日期，至今没舍得喝，得等窖藏到合适的年头。

某天在朝军兄的微信上看到他写诗抒怀："一入深山情似火，烤个洋芋充果腹。黔草无闲高品味，特色产业好前景。"诗谈不上多么好，好在是真情能动人。配图是他的果园美景，不能忍，找个得闲的周末，摘果子去。

"偷得浮生半日闲"，岂不快活似神仙。

铜仁美味担当锅巴粉

某次遇到铜仁宣传部门的领导,责我专栏文字里,鲜少提及黔东方向。想想看,批评得是,然我亦有所辩解,实在说,铜仁去得不多,记忆不误的话,最近一次造访,还是在二〇〇七年。

但我对铜仁的印象,的确颇佳。尤其是锦江河,穿城而过,大增灵气。上次去,朋友特地安排了一条小船,痛痛快快游遍,两岸风光亦好,不少河段甚至还保留了一点原始的风貌,即河岸并未以水泥石头修砌,一任其自然,愈觉有可人之姿。

别来经年,不知现在又是何等模样。

铜仁的美食,我大概没有太多资格去说。倒是有一处牛肉粉别致,至今不忘。具体位置已不复记忆,但肯定离城有一段距离,算是偏僻,特点是量大,肉和汤都狠命给,碗也大只,不像贵阳城里的牛肉粉店,刀工好,切下肉来,真的不比纸厚多少。

硬要我讲的话,铜仁乃至铜仁地区,有一味极有特点的食物,即锅巴粉。我最早尝到,是在思南,乌江横穿县城,江面架桥,桥头便有一家粉店专营此味,且当地人也推荐,生意着实不坏。

锅巴粉也称绿豆粉,据说乃是用大米、糯米及绿豆磨浆,平底铁锅略刷油，倒入摊平，烤成薄饼状，卷起切成细条或宽条即得。锅巴粉的颜色微呈暗绿，不算劲道，更不耐久煮，好在本身就是熟食，滚水一烫便可捞起，滤干，加入佐料，拌而食之。思南那家店的主打口味是盐菜肉末，淋上一勺热猪油，好吃无比，我简直赞不绝口。

等到返程，当地朋友热情，居然给我买了三十斤锅巴粉带回，自己留一点，放进冰箱急冻室，余下的，遍送亲友。

祖籍思南的朋友老姚听我说起绿豆粉，大为感动，结结巴巴地语我曰："绿豆粉，思南最地道，无论粉质和讲究的吃法。比如必须豆浆煮，比如绝不能放酱油，只能用思南的晒酱，还比如……嗯，不能再剧透了，想吃自己去思南……"除铜仁地区外，黔北一带亦喜此味，随处可见。此外，我还知道的有一个黔南瓮安县，毗邻遵义余庆县，风俗相近，也吃锅巴粉。小时父母在瓮安工作，我也待过几年，不知为何，却从来没有接触过，询问方知，爸妈都在贵阳长大，不喜也不擅烹饪此物，所以几乎不会去买，因此错过一尝其味的机会。不过据我妈回忆，瓮安从前无批量制作，都是自制，"隔壁的谭孃自己推成浆后用锅子来烙"。

某年到余庆出差，当天的日记写道："这一带好几个县都吃绿豆粉，我一向喜欢，早餐找了家小馆子，配豆浆一份，可惜不好意思要第二碗。跟老板打听粉何处可买，答曰专供，不提前预订便没有，看我心诚，匀我三斤，三十元人民币。"

以前工作的单位，有一位陈阿姨，待我如子侄，她是铜仁江口人，时不时会从老家带来锅巴粉，临近中午，电话打过来，下班便不再去食堂，直接奔单位职工宿舍楼，敲门进家，等着吃就是。陈阿姨早就提前回去准备，简单一点，便炒好盐菜肉末或者糟辣椒肉丁，煮好粉，舀上一大勺，加猪油、酱油、醋、油辣椒、葱花等调料，拌匀便可吃。

锅巴粉的一大特色是略显粗糙，气孔多，味道容易吸进去，所以吃来便倍觉入味。且锅巴粉稍微煮的时间长些或者是在碗里泡上一会，粉表面就有淀粉析出，不爱这一口者，觉得不够清爽，喜食者却偏爱其口感。

记得陈阿姨有时也会专门炖一锅鸡汤，大碗盛粉，舀入热汤，吃来更是痛快。不过，就我各地吃锅巴粉的经验，干拌者多，甚至还有炒食，加汤的似乎不是主流。

如今经济发展，社会开放，人的流动频繁，贵阳的菜市场里，也不时能买到锅巴粉，我买过多次，遗憾的是总觉得味道不正宗，大概比例和做法有些不对，长煮不烂，吃起来不对路。

说起来，我还是更怀念陈阿姨家的锅巴粉，不单是滋味问题，里面还有同事邻居的情分，叠加在一起，丰富了美味的层次。

铜仁的朋友对锅巴粉有特殊情愫，听我谈及，纷纷留言，大长见识，抄在下面，供读者参考：

> 锅巴粉是黄豆做的，在松桃和碧江这边比较流行，之所以是绿色，是因为里面加了青菜。

> 绿豆粉是铜仁西五县那边比较流行，也就是思南、

印江那边。

思南叫绿豆粉（西五县都有），和锅巴粉特像，锅巴粉是铜仁专属，形状上比绿豆粉厚而宽，颜色也要更绿些。

锅巴粉和绿豆粉不是一回事，不能说"又称"……

是我不察之过，虚心接受大家的批评指正。

还有祖籍重庆秀山的朋友也提供了信息："小时候我们经常吃哩，还要配上木椒油。（锅巴粉）先起之秀山，传之松桃，再遍之铜仁，再经之江口，最后公之天下！"

秀山县在重庆东南部，与贵州的松桃县接壤。旧事不可考，估计这段文字也会引起争议，姑且不论锅巴粉从何处起源，如何传播开去。但有一点大概肯定，那就是饮食的"流转"，一般而言，都跟移民的迁徙轨迹有关。而每到一地，发生新的变化，也属寻常，久而久之，线索模糊，各有特色，似非而是，衍化出丰富多姿的饮食风貌。

窃以为，上述涉及地区的锅巴粉或者绿豆粉，也符合这个规律，即大体上同出一源，各自分流后，制作的方式和原料或有小异，追根溯源，区别远远小于相似。像我这种外地人，初初接触，缺乏调查，确实也很难分辨其中的细微之处。

借此谢罪，原谅且个。

倒是想就这话题，讲讲所谓饮食传统的问题。最近正好在看美食纪录片《人间风味》第二季，第三集《酱料四海谈》中拍摄到我们近邻四川的豆瓣酱，这个号称"川菜之魂"的调味料，以蚕豆、辣椒等为主材，经由复杂的发酵过程，变化出特别的滋味。

然而，说起来同在一省，各地制作豆瓣酱在"风土和工艺的细微差别，也让他们在滋味上各有千秋"。

而人类的一个特点，就是中国人所说的"月是故乡明"，谁不说俺家乡好，这无可厚非，更不须讳言。

我想说的意思是，所谓传统，原本一言难尽。

一代人有一代人的传统，一代人有一代人的记忆，一地人有一地人的认知，每个人所以为的传统，都不一样。街头巷尾，标榜"正宗"的小吃不少，虽说是招揽生意的噱头，却也处处流露出唯我独尊的自豪。写下"逛吃贵州"的这些文字，除了对外推介贵州美食、美景之外，多少还有这么一个意思，即消除关于小吃乃至于文化的狭隘见解，盖饮食跟人的流动和交融息息相关，于是乎也就不断演变创新，越发地丰富多彩。

回到前面的锅巴粉、绿豆粉问题，诸位完全可以从朋友们的留言中发现多样化甚至是一体多元的线索，如果只找那些所谓根正苗红的小吃才着笔，大概不现实，也不可能。

吕叔湘先生译美国人类学家罗伯特·路威的《文明与野蛮》，他在后记中写道："文明不是哪一个或者哪几个民族的功劳，而是许多民族互相学习，共同创造的。"小吃虽小，也是人类文明发展的一种结果，当然也要"互相学习，共同创造"，不会例外。

几时得暇，再去铜仁，当地的朋友不妨指引我多尝几处不同的锅巴粉、绿豆粉，给我讲述其中奥妙，学《西游记》里的猪八戒，"一家家吃将来"，实践出真知，岂不快哉？

三朝桥边最美酸汤鱼

好长时间不去黄平县,网上看到新闻,知道贵阳至黄平高速公路初步设计批复已对外公布。道路全长一百二十公里,全线按双向六车道高速公路标准建设,设计时速一百公里。

什么概念?

贵阳出发,即使算上出城进城可能的堵车,最多两小时便到。十来年前,一度经常去黄平出差,走的还是老国道、县道,虽说一路拐来拐去,只要不是特别赶时间,同车者还能说到一块,这样的旅途,大可逍遥自在,加之颇有风景可看,也就很不寂寞,随处可寻乐子。

先说说不当错过的景点,其一在离黄平县城大概二三十公里处,重安江上的三朝桥,就很值得一看。据说是目前唯一一处三个历史时期修建的桥梁群,被誉为"中国桥梁博物馆"。

先是一座晃晃悠悠但还能渡人的铁索桥,长度大概三四十米,搭有木板,虽年久,未失修,尚称结实,修建于清朝同治十二年,现为省级文物保护单位。对岸是观音寺,现在不知何等模样,好像有些历史,但记忆中粉刷得颇为俗气,不像是有什么高僧大德

住持的样子。

相距不远，是一座抗战时期修建的石墩钢梁结构公路桥，贵州其时为大后方，筹建旧州机场时，重安江不能通车，专门拨款建桥，钢材自法国购进，设计者为中国著名桥梁专家茅以升。历经战乱岁月，一度被炸毁，解放后重新修复并通车，至今挺立，毫无疑问是座有故事的桥。

最后一座为曲拱桥，钢筋混凝土结构，上世纪九十年代修建，可同时容两辆汽车通行。

每经此地，总难免有些感慨冒出来，修路架桥，无论哪朝哪代，皆为有利民生的事业，老百姓会感念颂德。

发完思古幽幽之情，该安慰辘辘之饥肠了。

就在铁索桥边，正与观音寺对岸相望，有一家小馆子专营酸汤鱼。特点是鱼大小不一，只称斤两，不选品种，且皆先行油炸过。原因在于，鱼是在附近河中打来的野生鱼，一网下去，捞到什么就是什么，且多数为一二两的各色杂鱼，刺多易扎喉咙，滚油炸透，尽皆酥脆，以酸汤煮之，鲜美更胜。

很长一段时间，我都认为这是本省最好吃的一家酸汤鱼，但细细思量，平心而论也未见得，只是气氛实在太对，别处无之。试想，店在大江边、古桥旁，门口的小院坝里架上一口锅，筷子捞鱼吃，满眼是景色，这便增添了不止三五分风味。且鱼非人工饲养，江中土生土长，肉质原本就要鲜甜些，野趣与野味相叠加，岂能不美。

记得店家拿来围院坝的一圈石坎中,有一块不大的石雕小猪,看得出有至少百年以上的包浆,风雨洗刷得圆润不留手,我喜欢到不行,几次三番怂恿老板卖给我,都被严词拒绝。

暌违多年,不知道店还在不?石雕还在不?我还挂念着呢。

饭足上路,再开一小段,又得停车。此处有一胜景——飞云崖,建于明朝正统八年,迄今将近六百年了。经历代增修扩建,形成一组别具特色的古建筑群,清代雍正年间当过云贵总督的鄂尔泰题有"黔南第一洞天"几个字,笔致雍容挺秀,的确有封疆大吏的气度,贵州历史上重要的"改土归流",就出自他的谋划推动。

而在更早之前,王阳明先生贬谪贵州,正德三年路过飞云崖,赞其"天下之山聚于云贵、云贵之秀萃于斯崖",窃以为不算是过誉。飞云崖的妙处,是建筑与周边的景色极为相得,山崖峻峭,潭水幽深,林木清丽,时闻鸟鸣之声,定睛看时,白鹭翩然一瞥划过,若有仙人居其间,搞不好真是因为听到俗人贸然来访,皱着眉头偷偷避开,懒得搭理你。

阳明先生有诗题《登凭虚阁和石少宰韵(南京作)》,其颔联曰:"松间鸣瑟惊栖鹤,竹里茶烟起定僧。"我当年读到,真觉得这两句诗移至飞云崖,再贴切不过。要知道,五百多年前,王阳明贬谪贵州修文,不仅在龙场悟道,更创办书院,讲学课徒,有功于贵州文教也大矣,阳明洞口的岩壁上,至今仍留存土司安国亨的题词,七个大字深陷入石——阳明先生遗爱处。

要说老百姓感念颂德,这便是一个活生生的例子。

要吃羊肉，哪能不惹一身膻

本人酷爱羊肉粉，有那么几年，频繁到湄潭、凤冈出差，其中一大乐事，便是在路过虾子时，吃一碗羊肉粉。

贵州各地皆有羊肉粉，且互不相让，各擅胜场。其中，名气最大的三大"门派"不啻是水城、金沙和遵义，很难说谁更胜一筹，先讲讲"遵义派"。

虾子羊肉粉的老店，就在虾子镇上，为必经之地，但凡路过，不管是否饭点，都得整一碗吃吃。遵义方向的羊肉粉，有个特点，即以大锅炖煮羊肉汤，粉装在漏勺中直接放进汤里去烫熟，加秘制油辣椒，舀入碗中，再放入切片羊肉、蒜苗、香菜、葱花、花椒粉等，汤浓味鲜，吃得满头冒汗，那叫一个安逸。而且，最好给老板提前打个招呼，肉略肥些，吃来更加过瘾。

不单虾子，遵义城中，也有好几家味道颇佳的羊肉粉，譬如遵义师专、杨五、董公寺等。

老友杨胡子，河南人，也是遵义羊肉粉的死忠粉。多年前，我们到遵义出差，晚上八点多才赶到市里，当地对口接待的部门备好了几个简单的饭菜在食堂里等着，进门前，他偷偷耳语："假

装吃一点,待会我们去吃羊肉粉。"

如约,饭桌上我们几乎没怎么动筷子,匆匆结束,便去大快朵颐。

出差期间,一日三餐乃至四餐羊肉粉。好在遵义羊肉粉大门派下面还有小分舵,各有特色,数日不厌,杨胡子甚至因此上火,流了不少鼻血。

贵州人所吃的土山羊,与北方肥羊不同,偏瘦而不免于柴,但有咬劲且肉香浓郁,所以别具风味,倒不好妄自菲薄的。而平生食羊肉的快事之一,是差不多十年前在水城县南开乡偏坡村一户小花苗家中。

苗家风俗,每逢重大节日或是有贵客上门,必要杀羊款待。一口直径足有三尺的大锅支在土灶上,炭火烧得极旺,两头全羊砍成小块,早自炖得烂熟,嘟嘟地冒着热气,汤面上漂着一层红油,望之垂涎欲滴。

羊肉连汤捞入土碗,满满地抓一把择好洗净的野生芫荽堆在上头,伸筷子一搅,香气顿时扑鼻,佐以大碗白饭,吃得满头大汗,末了盛一海碗原汁原味的羊肉汤,吹开油花,趁热灌进肚子,其滋味绝非寻常可比。

顺带说一句,羊肉性热,水城常年气候阴冷,食之可御寒气,故而当地羊肉粉极为有名,只是药味偏重,需要适应一两次,吃到习惯,就爱不能舍了。

扯远了,继续得赶路。吃过虾子羊肉粉,开不了多久便是茶乡湄潭。窃以为，湄潭不该错过的一个去处是文庙，始建于明万历年间，多次毁坏，现在的建筑为清末所建，抛开其文物价值不论，一九四〇年，抗日战争期间，浙江大学内迁，将其用作其分部办公室、图书馆、公共课教室以及部分教师和留学生宿舍等。湄潭种植制作绿茶，由来有自，且在历史上便颇有名气，部分即得益于浙大农学院在此数年间的传授和推广。

时任校长竺可桢先生写有日记，就说自己当年五月七日在湄潭考察确定办学地址时，曾"参观茶叶公司与农业改进所。遇刘淦芝，为阐明制茶之程序，曰堆叶、卷叶、发酵、烘火、筛叶……共用万斤青叶，制茶叶二千三百斤之数。以红茶与龙井及眉珍为多云"。来回途中亦路过虾子镇，唯不知是否也吃到了羊肉粉。倒是曾在日记中屡次提及贵州应多种土豆，"黔省多荒地而气候潮湿，宜于马铃薯之种植。欧战时德国粮荒，得马铃薯始得支持四年之久"。

老一辈的知识分子心怀天下，哪像我们只知道吃，风骨气象，真不可及。

竺可桢先生日记中也多次提及邻近的凤冈县，甚至当地县长曾一度力邀浙大在此办一所中学云云。

接着讲吃。过了湄潭到凤冈，值得推荐的是当地的青菜牛肉火锅。青菜切小段，牛肉斩碎，大蒜切片，热锅加油，适时放入干辣椒段、姜丝、蒜片等调料，煸香后加牛肉翻炒至熟，然后放入大量青菜，炒至出汁，加盖，以小火稍微焖煮，最后加盐，撒上葱段即可起锅。香辣可口，下饭到过分的程度，很多年前，有个北京来的实习生跟我到凤冈出差，连吃几大碗饭，当晚差点送去医院就诊。据说，青菜牛肉是遵义一带常见的做法，我最早即在凤冈吃到，此后每至必光顾，不算是多么复杂的食品，家常自制，也能一样可口。

老友熊某，就善烹青菜牛肉，偶尔下厨，尝过的都叫好，遂传授身边友人，如今好几家都会烧，味道还青出于蓝。不用奔波湄潭凤冈，也能吃到美味。

最近两趟出差，前后去了宁夏和甘肃，皆为祖国大西北，牛羊肉闻名遐迩，得以大快朵颐。北方羊大，一个在敦煌工作了四十几年的朋友告诉我，他自己退休无事，弄了一片草场，养了数十头羊，大者宰杀下来几有近百斤肉，"养了将近五年，远比一般人认为的羊羔肉好吃太多了"。

羡慕不已，好在朋友说，你下次来敦煌，一定能尝到。

然而我始终还是对遵义方向的羊肉做法更加青睐些。旧同事老魏，南白（现属遵义播州区）人，每年冬至前后，他都会费钱费力，特地带羊肉汤锅馈我一尝，真是香，但也真是辣。借此谢过，也希望他再接再厉，优良家风，不要轻易言弃。

好在居然在贵阳找到一家颇为地道的合马羊肉汤锅店，地处王家桥附近，离我家不远，开车十几分钟即到。老板的母亲是遵义仁怀合马镇人，做得一手好羊肉，在朋友怂恿下，索性开店营业。我半信半疑地上门，等不多时，羊肉端进来，鼻子里闻到味，心里便暗暗喊一声好,知道来对地方了。

照例还是红汤最宜,且最能发挥贵州羊肉的特点。鼻子闻到的,就是这红汤滋味,感觉得到,不仅辣椒好,而且以油制之时,火候也到位,香气全出。至于肉,贵州吃法讲究带皮,事先打过招呼,羊肉要略肥些的,羊杂也备了一斤,再加羊血和豆腐,肠肝肺俱全,最后加上几只羊蹄,这便齐活。

静待煮开,忙不迭开吃,蘸水都不用,味道早煮进去了。要知道,肉和杂各有各的不同口感,左一口右一口,层次不断转变,简直停不了嘴。至于羊蹄,炖得烂熟,筷子轻轻一夹便从骨头上脱下来,软糯腻滑,顷刻便啃掉一只。羊血的处理据说有独到之秘,久煮不老,入口即化。吃到七八分意思,最后点两份米粉下锅,连汤捞入碗里,作为主食,完美。

特地要了老板电话,表示一定会是回头客,结果第二天便带家人上门,博得一片好评。

贵州羊肉的地道吃法,还有干锅,萝卜丝垫底,麻辣口味,不加汤,肉切薄片,虽用锅盛,置之电炉上,其实近于炒菜。

话说羊肉膻味重,大约是很多人不能接受的主要原因。在外吃饭,不时碰到店家标榜烹制羊肉善于去膻味,总是不能理解,羊肉无膻,还能叫羊肉么?

没有羊膻味的羊肉,就好比不会起泡的肥皂,娘娘腔的男生,就算货色再好颜值再高,还是敬而远之的好。

要吃羊肉,哪能不惹一身膻?

旧时风俗"游百病"

小时父母在瓮安工作，我也在那读过几年小学，留下美好的童年记忆。偶然回去一趟，新的高速路通车后，确实快捷，一个半小时便进了城，将近十年没来过，记忆里的风物景致已经剩不了多少。

好在山川河流倒是不因社会进步、经济发展而轻易消失，所以当地著名标志塔坡当然还在，只是当年光秃秃的童山，现在居然树木苍郁，山顶的塔都看不见了。山下的农田却全变成康庄大道和繁华的新城区，不是当地朋友指点，绝对找不到。

朋友安排了美食接风洗尘，引到一家火锅店吃酸大肠。所谓"酸大肠"，其实就是酸汤猪大肠火锅，不算是健康食品，但味道确实好，顾不了那么多，决定放纵一盘。

说实话，我不以为做大肠有什么了不得的诀窍，分量足，肯费时间洗剥干净，是最基础的要求，调一锅好汤，煮来没有不好吃的道理。贵阳人热爱肠旺面，可惜物价上涨，如今给的肠子不但数量少，切得还袖珍无比，难得今天过把瘾。

同煮的灰豆腐也入味，配的一碟酥肉则索性不下锅，趁热吃掉，最后烫些蔬菜煞尾。一顿饭非常完美，硬要挑剔的话，血旺不大好，太老，吃到嘴里毫无该有的鲜嫩感，毫无疑问是扣分项。

饭后散步，走到西门桥，完完全全认不出来。父亲曾在瓮安机械厂工作，厂子就在桥边，如今早已片瓦无存，取而代之的，不出意料是一片新开发的房地产小区，灯火辉煌，找不回半点记忆。

倒是当年的旧桥还在，跟新修的拱桥紧邻，依然保留如初，桥面甚至还是泥沙铺成，跟记忆里好像一模一样。

于是勾起往事来。

临近端午节只有十来天了，而瓮安在节日当天有"游百病"的风俗，吃过晚饭，黄昏时分，万人空巷，满城男女老少都出动，过西门桥，往郊外而去，漫山遍野都是人，这一团，那一簇，嘻嘻哈哈，打打闹闹。据说这天外出闲走后，可驱百病，小孩子不懂那么多，反正这天晚上可以暂时逃离做功课，就这个理由，足够开心了。

问了朋友，也有共同的记忆，然而最近十几年来，居然无人再游，年轻一辈，怕是连这风俗都不知道咯。

瓮安在黔南是个异类，为最靠北的一个县，口音风俗都近黔北，譬如，夜宵首选为粉蒸系列，就很有些来自遵义的影响。据说论风味，草塘的蒸笼味道最佳，县城也有店铺，找了一家生意火爆的入座。感觉比之巴蜀、遵义地区的清淡些，有肥肠、牛肉、排骨、牛舌、肚条诸味，可惜晚饭实在吃得太饱，只能略尝其味。

瓮安人自古有经商之风，饮食讲究。我有个亲如家人的阿姨，就是当地人，举家迁至贵阳多年，过年时每每要叫我们全家吃一顿家宴，顿顿惊艳。举个例子来说，极其普通的一味蒸血豆腐，她硬是在每一片血豆腐中间再划一刀，嵌入薄如纸片的一块半肥腌肉，粗中有细，趁热食之，风味更增。

到瓮安，早餐没得选，必须是辣鸡粉，当地朋友带到一条基本是死胡同的窄巷里，老板姓彭，自称做这行超过三十年，屈指算来，应该不是说大话。我家一九八四年离开瓮安，而那时还没听说过有什么出名的街头小吃，甚至我毫无在外就餐的印象。小商业兴起乃至繁荣，应该是八十年代末的事情。瓮安人吃米皮，也吃锅巴粉，这家店子的特色，是可以各煮一半，搭配而食，称为花粉，滋味甚佳。

下午返程，路过乌当阿栗乡，沿路都在卖杨梅，愈发让人感到端午将至。周作人《儿童杂事诗》咏端午的一首说："端午须当吃五黄，枇杷石首得新尝。黄瓜好配黄梅子，更有雄黄烧酒香。"

恰是梅雨季节，贵州最近的雨水之多，简直夸张，不过倒也应季。

钟叔河笺注周作人的《儿童杂事诗》，引其《端午节》一文说："农历上有些季节在民间仍然存在，那是当然的。举一个近例，有如端午，就快要到来了。这些季节怎么起源，有什么意义，可以不去管它。如端午吃粽子，说是祭屈大夫的，那是从前读书人搞的把戏，真假都是没有关系的事……娱乐节日则有如休假的星期日，加上有适宜的天气，时新的土产，大家聚会来乐一乐，随后再埋头努力去做事……"

"游百病"的习俗,我记得过去贵阳似乎也有,恢复一下,亦无不可。只是如今的城市规模远超过去,要想出城郊游,可能要麻烦不少。

奇而不怪的牛羊瘪和寡蛋

到贵州旅游,想体略少数民族风情,不能不往黔东南苗族侗族自治州这一线行走行走。

第一次出差去黔东南,差不多十几年前了。一趟车坐到雷山,干完活,住在当地一村寨里,没有招待所,选了家还算干净的农户住,晚上吃饭,也在他家。等到上桌子,那个酸汤鱼之正宗,简直绝了。

鱼直接从稻田里捞上来,剖开肚子去除内脏,不刮鳞便下锅煮,酸亦白酸,也就是所谓用淘米水发酵而成的传统酸汤,不加西红柿,味道也更别致。只是,鱼大概是鲫鱼,刺多,而且,稻田鱼土腥气重,虽有风味,难说好吃。倒是一大锅鸡稀饭味道颇赞,毕竟是现杀现煮的土鸡,虽说肉不够烂,公鸡也偏瘦些,油气不足,但真有鸡味,再好的鸡精都调不出也。一大碗须臾便尽,自己去厨房舀,忽见锅上黑乎乎一片,等到勺子下去,全部惊起,居然趴得满满的都是苍蝇!

主人当然有所解释——不脏不脏,是饭苍蝇。

我不信,但也不敢再吃,匆匆煞角(作者按:黔语"煞角"

指结束),早早熄灯上床,睡觉去。

头十年间,一再去黔东南,最喜欢的一段路程,是走老路过雷山,开几十公里盘山路,花上两三个小时,颠簸盘旋到将近崩溃边缘时,突然景色一变,车在河边行,几人合围抱不过来的榕树跳到眼底,一株接一株,根本看不过来。我知道,榕江到了。名不虚传,这是座榕树之城,位于都柳江畔的侗族故里。

牛羊瘪者何?我勉强解释下,据说杀牛宰羊之前,得先混着青草喂食葛根、柴胡之类的中草药数日。待宰杀后,将其刚吃进到胃还没有消化的草料、草药取将出来,煮熟去渣,加入各种佐料,与牛肉或羊肉同煮,此之谓"原汤化原食"。

我吃过,不止一次,怎么形容?

颜色你能猜到,绿莹莹的有些可疑,味道却无法用文字描述,只能说是非常之独特,完全符合你对牛羊肠胃中未消化物的一切想象。当地人酷嗜此味,我勉强能够理解,但不明白是什么人在什么情况下发明,而且居然流传至今,视为美味佳肴,无可取代。

要知道,这么一道菜并不易得,尤其牛瘪,非要现杀一头活牛方可做出来,在过去,不是招待贵客或者特殊日子,轻易吃不上。

你的黑暗,往往便是我的最爱。反之亦然。

由是想起《笑林广记》中的一则故事,说是苏、杭人同席,杭人单吃枣子,而苏人单食橄榄。杭人问苏人曰:"橄榄有何好处,而兄爱吃他?"曰:"回味最佳。"杭人曰:"等得你回味好,我已甜过半日了。"

堪发一笑,细味其言,或不仅仅是笑话而已。所谓"黑暗"与"最爱",不过是文化的差异导致,最近读到英国人扶霞所著《鱼翅与花椒》,此书序言即大惊小怪地题为《中国人啥都吃》,"吃别国的菜,是很危险的。一筷子下肚,你就不可避免地失去自己的文化归属,动摇最根本的身份认同。这是多大的冒险啊"。

说得好。扶霞在她的书里讲得很明白:"我的同胞们觉得中国人几乎还未文明开化,吃得很杂,什么蛇肉啊、狗肉啊、鞭菜啊,而中国人也用同样的态度回应这种羞辱。他们觉得我们的食物太粗犷、太简单、半生不熟的,不也是不文明、不开化的表现吗?简直吃不得。"

说白了,牛瘪羊瘪,它只是独特,并不是奇怪。

在讲过牛羊瘪之后,再讲一个我个人不大能接受的"黑暗料理"——寡蛋。

贵州美食,我尤其偏爱安顺。从贵阳开车,不过一个小时多一点的车程,便利之极,近十年来,几乎年年去,且有时会是纯粹的觅食之旅。最夸张的一次,十几台车,三十多人,浩浩荡荡,一路觅食,从清明粑、油炸鸡蛋糕、油炸粑稀饭、干鸡面、小锅凉粉、裹卷、支记牛肉粉、剪粉……挨个吃下来,下午找地方喝茶消完食,继续晚饭。找家小餐馆,点上几桌菜,几乎没有不好吃的,除了……寡蛋。

所谓寡蛋,即正在孵育过程中的鸡胚胎,已初具雏形,炒而食之,据说营养价值极高,可惜本人抵挡不住。不过,比之江浙一带，安顺人的吃法算是不那么"恶心"的了。毕竟添加辣椒姜蒜、油盐酱醋等大量调料，经过快火猛炒后，其异味已掩，我虽不喜欢，但却不至于难以下咽。

上面提到的扶霞，上世纪九十年代在成都求学，因迷上川菜，进而在中国各地旅行，寻找美食。

但我不大同意出版社蹭陈晓卿和何伟热度的宣传语，硬说这书是一本"舌尖上的寻路中国"，事实上，最有启迪的部分，是作者敏锐地观察到饮食背后的文化差异与误会，认同与排斥，迷失与归属。

譬如，扶霞还写到自己第一次在香港餐厅见到皮蛋时，"这两瓣皮蛋好像在瞪着我，如同闯入噩梦的魔鬼之眼，幽深黑暗，闪着威胁的光"。而西方人对中国食物的恐惧还远不止于此，而作者的解释是："旅行在异邦，要完全适应当地口味并不容易。我们吃的东西，代表了我们做人和自我认知非常核心的一部分。"而作为一个见过世面、阅食无数的英国女孩，"在吃这件事上，我面对过的文化禁忌也算无数了。我的态度一向是把这些禁忌抛诸脑后，尽管吃"。

皮蛋对于我们，再寻常不过，而自幼见惯的结果便是，端到面前，你不会问这是啥？为什么？而在不同文化中长大的人免不了心生狐疑，各种不适，要想接受，谈何容易。

牛羊瘪和寡蛋亦然。

非两碗不能过瘾

安顺的确是吃货的宝藏之地。

我往来多次,不计其数,印象最深的是某年冬天,陪吾乡耆老戴明贤先生到安顺参加一场活动,晚上朋友特地约了个地方招待老人家及我们一行。饭店老板是个有专研精神的主,居然实验数月,恢复了一桌据说是民国时代的"蹄筋宴"飨客,在我看来不单是惊喜,堪称惊艳。

盖蹄筋一物,在餐桌上从来不是主角,一般家庭或餐馆,甚少有拿蹄筋作为主食材,最常见的是在杂烩中添此一味。到底能做出什么花样来?鄙人孤陋寡闻,"蹄筋宴"以前的确没有听说过,不免心存好奇。

先上凉菜,其中一味拼盘,便有卤蹄筋,嚼劲刚刚好,咸淡得宜,出手便不凡,期待值更高了。一顿饭吃下来,十几个菜式,以蹄筋所制的大约超一半,黄焖红烧、双椒葱爆、裹糊油炸……一应俱全,且味道皆佳。其中最妙的,是看似最不起眼的火锅里煮的蹄筋,明显是裹了一层什么东西,然久煮不烂,且依旧鲜嫩爽口,大惑不解,正好老板来敬酒,赶紧请教,答曰,以鸡茸调蛋清裹之，"我也是实验了三个月才成功"。看来里面还有学问玄机，不轻易示人的。

感佩无比。出于吃货的本能，马上跟老板留了联系方式，希望下次再来吃过，老板略傲娇地回答，必须提前约，毕竟材料特殊，很多东西得花功夫准备。即使在过去，"蹄筋宴"也并非随时可开，亦为当地宴客的特殊礼遇。

总之，这顿"蹄筋宴"众人都叫好不迭，倒是有多虑的朋友提出疑问："哪里来的这许多蹄筋？"一时找不到老板作答，我说，过两天你到附近乡下看，满村的猪都趴在地上，不是被抽了蹄筋，便是被吓软了脚……

安顺人爱吃、懂吃，戴明贤先生著有回忆故乡风物的《安顺旧事：一种城记》，书中就写道："旧日石城多瘾君子，胃纳不健而嘴刁，非美味不能有食欲。影响家人，波及社会，形成烹饪精洁、小吃花巧，甲于黔省。民谚说贵阳人讲穿着，安顺人讲吃喝。我第一次去成都，久慕其小吃之名，遍尝一通，觉得盛名之下，其实难副。"

戴公此说，除了踏谑成都的那一句外，我都举双手双脚赞成。不过，真正知道安顺美食之妙，不过是近十来年的事情。

因四姨、四姨夫在安顺帆布厂工作，小时几乎每到寒暑假总会去玩一两个礼拜，可惜厂子离城颇有距离，加之当时商品经济还未繁荣发展，当地美食，一概没有留下印象。倒是厂里多北方人，善包饺子，我帮忙的次数多了，居然学会擀皮，而且手艺还

颇不错，速度快，且四边薄，中间略厚，枚枚圆整，远过菜场所卖。

十几年前，我们十来个朋友组织了一个完全自发的小群体，取名"有个读书会"，每月同读一本书，每月一聚谈谈读后所感，顺带地也吃个饭喝杯酒。某次聚罢，兴致尚高，不舍得便散。于是有人提议去安顺住一晚，早起觅小吃，撑饱便回家。对于这种庸俗的建议，向来是一呼百应，几家人立马驱车"西狩"。

此行我至今犹怀。在市委招待所住了一宿，因为要赶头锅油炸鸡蛋糕和油炸粑稀饭，没有敢睡懒觉，天亮即起，迷迷糊糊地穿小巷，钻陋棚，排长队，舔嘴舔舌吃完，大呼值得。没有吃太饱，因接下来还有干鸡面、清明粑、小锅凉粉、裹卷、支记牛肉……一天吃下来，得说俗谚诚不我欺，安顺人讲吃喝，名不虚传。

此后，几乎每年都组织一次安顺美食行。少则十来人，最多是近四十号人，车停安顺文庙前，斜插下去到儒林路，挨家挨户吃过来。可惜遇上城市改造，半截儒林路都封起来了，不知今后还会回迁不。好在安顺美食不止在此一处，我每来总要打电话找同学、找朋友，无非也是因为，只有本地人才知道，这些美食到底散落何处？不负所望的是，同学带路，在南水路找到油炸鸡蛋糕、油炸粑稀饭，新鲜出锅，填了肚子也解了馋虫。

记得某一次到安顺出差，中午了结公务，对方准备了便餐，婉言谢绝。倒不是客气，有个私心，是不愿意老远来一趟吃些没啥特色的招待饭，说些言不由衷的客套话，握手道别，另有朋友指点，带到普定路一家干鸡面馆，准备大快朵颐。

朋友之前专门交代过，干鸡加干肚条，最称快意。点了单，几分钟便端将上来，略粗的面条煮熟捞起，不加汤，浇好调料，加一份切块的卤鸡，一份切条的卤肚，飞快地拌匀，一口下去，便知道此行不虚，面条入味，肚条则更惊喜，风卷残云般干掉一碗。稍坐定定神，沉着地做出决定——再来一碗。惜乎干鸡已经售罄，难不倒我，那就两份干肚条，善食者都知，第二碗不用急，宜细嚼慢咽，仔细体会美味。

吃饱返程，晚餐亦不思矣。这才突然想起，多少年未曾连吃两碗面条了，"老夫聊发少年狂"，只因美食面前不能淡定。补充一句，干鸡面可以打包带走，特制水面和鸡、肚、调料分装，回家煮食，风味至少还能有七八成。

安顺还有个绝对值得一吃的去处，即支记牛肉粉，分店甚多，常去的那家，在安顺武庙斜对面的巷子里，从早到晚，门庭若市。建议吃黄焖口味，胃口够好的话，肉、杂、筋全加才爽。待端上来，汤上浮着一层清亮的红油，更棒的是，肉量感人，大坨且软糯入味，汤浓郁，粉细滑，加筋加杂，分量更足，犹觉不过瘾，再找补一碗单份。窃以为，是我所吃过最好的一碗牛肉粉。

须知，好多年前，有一家安顺著名的牛肉粉店举家迁到省城，一度火爆，如今叫人失望，里面的肉块几乎可称"迷你"，我比较夸张的形容，说是比肉末大不了多少。

《晏子春秋》云："橘生淮南则为橘，生于淮北则为枳。"其是之谓乎？

没有长桌不成宴

庚子年初,新冠肺炎暴发后,差不多两个月未尝外出,直到三月份,才第一次终于有机会到朋友家里吃了一顿饭。

不晓得是否专门准备,餐桌上有非常新鲜的炒蒜薹和炖牛肉,前者嫩甜爽脆,后者多汁饱满,坐在小院子里,以茶代酒,春夜轻暖,不慌不忙,边吃边聊,没得说——安逸。

但也有些不一样的地方,那就是,朋友家响应文明卫生用餐的新风尚,使用了公筷、公勺。你得知道,自从出现"唾弃"这个词以来,唾沫就从来没像今天这么被"唾弃"过。

公筷、公勺并非什么新生事物,很多大饭店或者重要宴席上,早就成为惯例,昭显着档次和礼仪,屡见不鲜。只是,很多人并不怎么习惯,吃着吃着,一个走神,就把公筷吃到了自己嘴里而浑然不觉,大概不是我一个人才独有的经验。如果直接人手两双筷子,往往一黑一白,吃不多时,很容易便公私不分,抠破头皮,也想不起哪一双夹菜,哪一双吃菜。

当然,也还有很多"高尚"餐饮场所,索性实行更有派头的分餐制,饭菜、水果、甜品等等,皆为位菜,收费自然也就水涨

船高,同样的菜式,价钱要翻倍。鄙人有幸参加过几次外交级别的接待,都是这调调。

比较平民化的分餐制,我们其实也都熟悉,那就是一般的食堂就餐,人手一个不锈钢方盘子,分为数格。曾有朋友发起分餐制公益推广活动,试图推出几种创意设计的餐具,找到我出主意,兜头一盆冷水泼下去:"窃以为不锈钢餐盘的设计已经尽善尽美,耐用、易清洗、成本低,堆放起来还不占地方,除了样子着实丑,几乎没有缺点……"

当然是开玩笑,倒是严格地说起来,分而食之的宴席风格,还真的不是舶来品。

事实上,在桌子、椅子出现并广泛使用之前,中国人一向是跪坐席上,一人面前直接摆几种餐具或者加一个小几,各吃各的。

扬之水先生《明式家具之前》一书中,有《古典的记忆——两周家具概说》一文,就说:"凭几出现得很早,并且很早就有了礼的内涵。"并引《周礼·春官·司几筵》郑注加以证明:"王与族人燕,年稚者为之设筵而已,老者加之以几。"这意思是说,王者宴请同族中人,年轻人只给盘子碗筷,年长的加一个凭几。原因很简单,有了凭几,可以凭倚而休息,故老者加之,以示尊重。

椅子就是"倚子",顾名思义,椅子与凳子不同,在于有靠背可以凭倚。而椅子系木制,后人造字,把人字边换成木字,原义反倒湮没。其实凳子一物,出现的年代并不太晚。中国古代,自殷周时期开始,便习惯铺张席子坐地上。战国秦汉之交,有了高起高坐的"床"。汉晋出现了榻、凳之类的坐具,胡床、绳床也于此时传入中国,演化为椅子。唐宋以后,椅子逐渐流行并占据主流。

椅子并非本土所有,而是传自外邦。近代学者翁同文,著有《中国坐椅习俗》一书,明白指出:"西晋末年出现的绳床就是中国最早具有靠背的坐具或椅子,乃从西域由丝路东传,早期的坐者都是和尚,直到中唐才有椅子的名称。"

翁先生进一步说道:"唐武周末年到中唐穆宗之一百二十余年,四百年来限于僧侣禅床之绳床已经世俗化,同时又相继出现倚床、倚子、椅子等通称,且与扶手靠椅性质全同之绳床,终于高大其制,成为帝王仪典场合之御座,故此实为椅子发展史上之枢纽时期,以后又经三百余年,民间始于椅子通名之下,普遍使用。"

这也就是说,中唐及五代以后,桌椅渐渐流行。到了宋代,高桌常见,进入千家万户,所以一般的认识,是在这以后,才开始流行围桌进食,原本的分餐制渐渐被取代,更早的分餐习俗反倒遗忘了。

所谓传统,很大程度上,也就是约定俗成的力量,久而久之,习以为常、习而不察。

分餐或者合食,本无高下之别,碰巧处在疫情发生的特殊时期,突然被提及,忍不住当当文抄公,爬梳一点历史,供读者一笑。

中国太大,各地风俗,迥然相异,即使是宴席的形式,也实在数不过来。贵州少数民族地区,尤其是黔南、黔东南一带,遇到重要的节日或者喜庆之事,常常会以长桌宴飨客,气势颇为壮观。酒酣耳热之际,歌之舞之,让你见识到少数民族同胞的热情与豪迈,窃以为是在贵州旅游时不该错过的民俗。

十六七年前,我在雷山出差,住在下面某个镇上的招待所里。傍晚时分,听到楼下的院坝里喧哗起来,在四楼还是五楼的窗子边一看,第一次见识到当地的长桌宴。桌子不高,形制窄长,首尾相连,在村寨的空地上接成数排,与宴者所坐皆为矮矮的小板凳,闹热无比。下楼穿过院子,主人家见到生客,却毫不见外,拉扯我们入席,几番推辞不得,也就客随主便了,且很快打成一片,扔掉了拘谨和生分,觥筹交错,一醉方休。

至今怀念。

日渐式微的贵州狗肉

关于安顺,不得不增加一篇文章说说狗肉,既有缅怀,更多的是检讨和忏悔。

贵州狗肉有名,而其中佼佼者当属安顺关岭县花江镇,上世纪九十年代末,我刚参加工作不久,某次出差,回筑途中,暮色已合,路过花江,同行者似有默契,先后停车入店。不多时,热腾腾的狗肉火锅端将上来,虽是初冬季节,一碗汤、几片肉下肚,额头也就微微冒汗了,其鲜美滋味,恕我笔拙,权且打住。

中国古典小说似乎特别喜欢拿狗肉说事,著名的《水浒传》,讲到鲁智深大闹五台山之前的桥段,便说这蛮和尚耐不住清规戒律,"嘴里淡出鸟来"。某日下山觅食,先喝了约莫十来碗酒,要肉吃,不料牛肉早卖没了。"智深猛闻得一阵肉香,走出空地上看时,只见墙边砂锅里煮着一只狗在那里。"于是买得半只,"智深大喜,用手扯那狗肉蘸着蒜泥吃,一连又吃了十来碗酒。吃得口滑,只顾要吃,哪里肯住"。而来自影视剧的影响更为广泛,一个是上世纪八十年代万人空巷的武打电影《少林寺》,李连杰饰演没出家前的觉远捂死白无瑕的狗,烧火烤食,给师父昙宗和尚发现,不但未曾责怪,还津津有味地说:"在老家,许多人喜欢用老姜、枸杞子、黑豆煮着吃,是大补之药……自皈依佛祖,想起它也是罪过……"这片段,我百看不厌。再一个则是济公和尚,"酒肉穿肠过,佛祖心中留",潇洒自若,不落俗套。

话说以往贵州人有多爱吃狗肉,只举一个例子证明,即用作香料的青薄荷,在贵州被呼为"狗肉香",就是因为配食狗肉,不能缺此一味,可见钟情。

时过境迁,如今在爱狗人士的倡议之下,吃狗肉已成恶行,受其熏陶,我也罢食久矣。大概整个社会也都有所抵制,导致日渐式微。前不久,老友高爷约朋友吃狗肉,居然鲜人响应,更夸张的是,好不容易有人接嘴,满贵阳找下来,只有寥寥家把(作者按:黔语"家把"指几家)还在经营,好些老字号,都已歇业。当晚,高爷在微信里感慨:"老城区像样点的狗肉馆子难寻,食客无几,还都是中年发福男。"

春节得暇,再度与高爷相邀安顺行,在一处巷口发现狗肉粉店,忙不迭进去,点了坐等上桌。同行的有位长辈,毕节大方县人,待粉上桌,施施然持箸问道:"你们知不知道,一条狗有多少肉可吃?"答不出。老人家吃两口粉,缓缓道出答案:"一二十斤而已。"原来,老人家不仅喜食狗肉,且有实践经验,据他自述,年轻时,兜里常备二物,一是绳子,二是刀片。遇到机会合适时,操棍子或石块,速度打晕,吊将起来,只几分钟便放干净血,拎回家呼朋唤友,正好大快朵颐。一边听他讲,一边也能感到，如今一身绝技早无用武之地，言下不无悻悻。韩日世界杯期间，我在首尔待了个把月，听说朝鲜民族喜食狗肉，也曾动念，但遗憾的是，走遍大街小巷，却始终未闻其香，以至无缘识津。后来一打听，原来韩国人卖狗肉并不像国内张扬，外来者往往不易得其门而入，加之世界杯期间，更不宜大肆宣扬，于是便越发不易寻觅。且食狗肉花费甚高，中等食量者欲饱餐一顿约需韩币七到八万，相当于人民币数百元。

记得年轻时，我跟大学同系的师兄高爷同在报社上晚班，每至隆冬，常去龙井巷口吃狗肉粉，连店也没有，至多算是个摊子。一中年男子卖粉，矜持得不行，不到晚上十二点不出现，慢慢架将起来，扔你在寒风中瑟瑟地等。等到一碗入手，滋味好得让你忘记他的怠慢和傲慢。孰知几年之后，便不知所踪。前几年，偶然有朋友约着吃夜宵，在省府路的夜市摊点又见到他，赶紧买一碗吃，味道却不是记忆里的味道了，摊主两鬓也见了白发，笑吟吟地，好像也没有了当年那股"爱吃不吃"的劲头。

某兄孙姓，也是吃货一族，一次约饭，提及这家狗肉摊子，亦曾是常客。据他说，摊主有个外号叫"拿抓"，贵阳话里大概有好几层意思，既指街头乞讨者，也暗含着某种不可与外人道的亲昵。高王凌著《人民公社时期中国农民"反行为"调查》一书，说自己在山西农村调研时发现，农民在特殊时刻的某些行为，是不能简单用"偷"字来定义的，"所以我曾使用了当地农民所说的词汇——'抓握'，还有'捎带'等词汇"。所谓"抓握"，也就是"抓拿",我猜,"拿抓"一词跟其颇有渊源。

说起来不食狗肉久矣,最近一次去,也是几个中年男人临时起意,地点在盐沙路一处极为偏僻的角落里。照着定位寻去,下得车来,几条汉子面面相觑,盖顾盼左右,哪里有什么狗肉馆子,该不会是弄错了吧。我仔细端详片刻,毫不犹疑地指向一家火锅店,"就是这,不会错"。推门进去,果不其然。迎进包间,热腾腾的一大锅狗肉已经恭候多时,铝合金的窗玻璃薄薄地染上一层气雾,恰好阴雨如晦,寒意浸骨,正是围炉吃狗肉的最佳时节,喝碗热汤,权作热身,旋见箸下如飞,应接不暇,完全不顾及还有两位朋友尚在途中。

前不久去森林公园,从油榨街方向开车上去,路过一处弯道,突然想起,这里有一家曾经非常火爆的黄焖狗肉店,十几年前,是我们觅食常来之地。吃到七八分饱时,舀一碗白饭,浇上肉汁,用爱狗肉人士高爷的话来说,不比鲍汁差到哪里去,若论肥腴,或者还有过之而无不及。俱往矣,此地空余三层楼,以及记忆里残留的一丝模糊滋味。

说过了,如今喜食狗肉,几乎已经成为污点,就连经营者也不敢公然招徕顾客,遮遮掩掩做生意,偷偷摸摸找上门,虽说有些鬼祟猥琐,不妨说,却也增添了吃的乐趣。记得有一年的读书日,媒体采访,问如何才能推动全民阅读?答曰,试试看禁止读书,搞不好,越禁反倒读者越多。宋儒郑樵谓:"秦人焚书而书存,诸儒穷经而经亡。"人世间好多事情,大概也都如此。

好吃不怕巷子深

闻名不如见"面"

肠旺面好吃，口彩也好。肠与常、长二字都谐音，肠旺即常旺、长旺也。当然，它也是外地朋友来到贵阳尝尝就忘不掉的那碗面，而对于身在异乡的贵阳人来说，它更可能是你常常忘不掉的那碗面，甚至可以说，是你惆怅着盼望的那碗面。

面系特制，讲究个脆劲，仅煮一小坨，北方朋友来食，不免抱怨分量不足果腹也。而其佐料添头多样化，却与北人吃面大异其趣。肠乃猪大肠，做得好的，既无怪味，且软而糯；旺即猪血，沸水里汆一下便捞入碗里，宁生勿太熟。再加脆哨、红油、葱花、豆芽、辣子鸡汤汁、卤豆腐等，宽汤寡面，鲜美无比，堪称贵阳最出名的小吃。出差稍长或远游他乡的贵阳人，时不时就要想起这碗面，流下口水来。

某同事，湖南籍，在贵阳工作多年，自称最好这一口，说到入港处，眉飞色舞。有天约着去吃面，排队排到他，郑重提示煮面的小工：不要肠子不要旺子。

小工也率直可爱，兜头顶他一句："那你何不点碗脆哨面？！"

本地名声在外的粉面店甚至摊点，七八点钟起，便门庭若市，找不到座位是常事，西装革履者捧着碗蹲在路边大嚼，也属寻常。生意火爆固然是好事，即或找得到座，周围闹哄哄地，搞不好还有人伫立一旁，虎视眈眈，就等你咽下最后一口面条，好抢你的位子。

以前常见老人打上二两散酒，就着肠旺面的浇头慢慢抿来，真觉得太平盛世，当个"天地兴亡两不知"的老头儿着实不坏。惜乎这几年鲜见矣，试想如此一派闹热景象，莫说是喝酒，吃完面喝口汤的兴致都没有了。

我家老爷子有诗咏之曰："出外最忆是肠旺，黔乡名点滋味长。锅大水滚即时捞，面条脆韧需压杠。臊子要用槽头肉，三漂三洗猪大肠。血旺老嫩凭喜好，宽汤免青自开腔。漏瓢一籴绿豆芽，辣油色红淋高上。稍加陈醋调碱味，真正考究是骨汤。再来二两散茅台，眯眼咂嘴细品尝。"

可谓声色并茂。

肠旺面的历史不短，一九四二年贵阳文通书局出版的《贵阳市指南》，其中讲到"专长一味"的小食品店，"苏德盛为肠旺面"，今早不存矣。小时赶上计划经济的末期，民营小吃摊店鲜见，要吃肠旺面，选择也少。程肠旺据说是解放前便有的老招牌，早改国营了，去过一两次，印象中排队的人不少，味道如何，反倒不复记得。

改革开放四十多年，市场力量推动之下，小吃虽微，因与平民百姓生活关系密切，蓬蓬勃勃地发展起来。一碗面做起来再复杂，再有所谓独到之秘，也总有人参透得出个中奥妙，煮出滋味来，谁也垄断不了。于是后起之秀，层出不穷，比如护国路南门口、合群路蒋记、民生路金牌罗记、友谊路老面馆、黄金路任记……都各有特色，铁杆粉丝众多，一群贵阳人闲聊，动不动就要为哪家更好吃争执起来，互不相让。

以前看武侠小说，爱说什么"文无第一，武无第二"。窃以为，食之一事，也难判高下，众口各殊，自有偏嗜，用不着强加于人，要学该学费孝通先生晚年那关于文化包容的十六字箴言："各美其美，美人之美。美美与共，天下大同。"

比如，近邻安顺，也吃肠旺面，做法味道都有不小区别，我去吃过，也蛮好。

贵阳的好面条，当然不止肠旺面。

朋友老孔，突然在微信朋友圈上提及我，说是：

> 提起老贵阳面（粉），大多离不开肠旺、湖南、牛羊，而鲜谈鸡丝豆花面（粉）者。其实，论及贵阳名小吃，鸡丝豆花面（粉）不可或缺。此面（粉）主要特点为鸡丝配豆花，即将熟鸡脯肉手撕成有嚼劲之丝，配以入口即化之豆花，并辅之以咸菜、大头菜、榨菜、脆哨、炸花生米、黄豆、香菜等。各味杂陈、软硬相间，可谓大快朵颐也！始信孔子曰："食不厌精，脍不厌细。"乃颠扑不破之真经。纵观筑城鸡丝豆花面，唯瑞金北路

与黔灵西路交叉处老五家为最佳。此店主人刘姓，原在鲤鱼街开店，后迁至此地，已逾三十年矣。或曰，红边门陈老八家亦善，然相较，佐料之富之精，仍不能过老五家。

说得我直淌口水。

诚哉斯言，鸡丝豆花面不单是谈论者较少，专营店面似乎也不多见。我私下猜想，也许还是出于制作不易，前面老孔的那段文字写得颇细致，足证一碗优秀的鸡丝豆花面程序繁复，否则难以满足挑剔的食客，导致很多潜在的店家未敢染指。

事实上，我最早吃到鸡丝豆花面也是在威清门的老五家，大概率的也会是多数贵阳人的首选。记得某次老友高爷陪老贺自京来筑，到龙洞堡机场如果正点的话，恰好是晚饭时间，于是约好几位熟识的朋友，安排好一顿酸汤鱼接风。结果你一定猜到了，整个下午过去，飞机都没排上号起飞，等到五点多，电话打过来，声音"黯淡"，情绪低落："你们吃吧，我们来赶夜宵。"

无奈之下，饱餐一顿后，转战我家中喝茶消食，一泡一泡接一泡，到十一点半，电话又打过来，有气无力，接近崩溃，"散了吧。早点睡，我们到贵阳打电话，你再开车出门接我们"。

遵嘱，一觉睡到六点多，手机响起，说是刚刚降落，强打精神到机场，接上两个倒霉蛋，一晚上没怎么睡，吃的机场餐也早消化殆尽，眼带血丝，喉咙里发出嘶哑的哀鸣："找地方吃早餐，要烫，要辣，要有味，要喝碗热汤……"想了想，直奔威清门，七点多钟的样子，此时天色已亮，老五家正好烧开头锅水，几分钟工夫，三碗鸡丝豆花面热腾腾地端将上来，但见二人早早持筷在手，目露凶光，喉结急促上下颤动起来，发一声喊便开吃，须臾便尽，连汤也没剩下一滴。

记得当时旁边那家俞记叉烧圆子粉还在，看这样子，不找补一碗怕是不成，于是迅速转移战场，稍坐片刻，待粉上桌，两人已经从容很多，甚至有了点评两家高下的余暇和闲心。

我偷笑，想起阿城的《棋王》里一段描写，说是王一生吃完火车上的盒饭，"把两只筷子吮净，拿水把饭盒冲满，先将上面一层油花吸净，然后就带着安全到达彼岸的神色小口小口的呷"。

高手就是高手，寥寥数语，生趣顿出。

文章发出来，老贺在微信上转发并写道："作为文中的两个倒霉蛋之一，五味杂陈。聊以自慰的是，当日头等舱赫然坐着吴敬琏伉俪，而他们的早餐必不及吾。"

而高夫人燕达转发时，写得更是妙趣横生：

> 年轻时候，贵阳的街头美食大都抵不过岁月磋磨，关的关，散的散。幸亏威清门老五鸡丝豆花面命长，夏夜这碗面，还是老贵阳的味道。
>
> 老五是老高饮食界的兄弟，是和丝娃娃黄大琴一样的亲人。老高混在异乡的日子，午夜梦回想起的都是他们。

好多年前,有一次老高回贵阳,晚上摸去威清门。老五看到他很激动:"兄弟好久不见!"

见老五一眼就认出自己来,老高也很激动,正要夸老五豆花面调味好,情商也高。

老五眼里透出怜惜:"哥,你怕是有五十咯!"

又一回,我跟老高去威清门,老五见他就感慨岁月如梭,自己姑娘都二十几啦。顺便问起老高的娃,老高说没老五这福气。老五瞥一眼背后的我悄声问:"哥,还是那个婆娘么?"

"婆娘么"的"么",方言读作"们"。要拿贵阳话读出来,才有那种贼忒嬉嬉、幸灾乐祸的味道。

末了补充一句,老五家对面过天桥,山林路上,也有一家面店兼营鸡丝豆花面,加上红边门陈老八家,我所知道的贵阳做此一味者,就只有这三家,或有遗漏,还望好吃知味者有以教我。

不食鸡丝豆花面久矣,去年偶然在附近办事,提前过去,点一碗过早,味道也还对,这玩意吃起来最妙之处在于口感丰富,若干只母鸡熬成一大锅,汤味亦美,要说不足,是觉得鸡丝偏柴,不如以前香鸡肉味,搞不好还是食材的关系。而隔壁那家俞记则索性不见踪影,原拟鼓起余勇,再吃上一碗,不想时过境迁,有些遗憾。

牙巴丝丝丝娃娃

贵阳人吃丝娃娃，而近邻安顺，也有一个味道意思相近的食物曰裹卷，然也有区别——丝娃娃用面皮，自选自裹自食，裹卷用米皮，直接卖成品，不须自家动手。

此文只说前者。

丝娃娃的面皮烙得极薄，十张一份，配食不下几十种，基本都切成细细的丝状，若干小碗盛好，端上桌子，任君选择。面皮摊在手掌上，放入配菜，裹成襁褓状，浇足蘸水，一口一个，爽滑无比。

话说丝娃娃的名字取得还真是妙，谐音且形似神传，真是点睛之笔。由"丝"还可以联想到贵阳俗语"牙巴丝丝个"，姚华《黔语》释"牙瓣"条曰："牙之数以瓣计……又语有牙巴丝丝者，言其末处微数也。疑丝丝是些些。牙巴，亦牙瓣之音变也。"

顺带地介绍下姚华其人。姚先生字重光，号茫父，贵阳人，一九〇四年末科进士，后游学日本，归国后长居北京。他所著《黔语》，是一部研究清末民初贵阳方言的学术著作，此书之撰写，约在一九二九年间，其时姚华已五十三岁，次年即因脑溢血复发而辞世。姚氏晚年流寓他乡,故土之思,大抵都系于此书之纂矣。

姚华记述写作此书时的情形说,很想写一点和贵州有关的事情,因为生病行动不便,取材考证都不太现实,唯独家乡话还没有忘记,一边回忆一边记录下来,居然也凑成一册。

其实,《黔语》的价值,倒并非全在于考证方言流变的精当,姚华在为黔中土语逐条注释时,还信手记述了许多当时黔人的生活习俗、社会风尚,读之饶有兴味。姑举一则为证,姚华注解"猫猫"一词说:"《僧了尘集》记了尘有一四字联云:蒙猫猫迷,塔马马肩。迷,呼如谜,即捉迷藏也。童戏之一。一儿被蒙,群儿藏之,蒙者口中唱曰:猫猫迷,董董场,放出猫儿拿耗娘!"童趣盎然,多少也表露出老年人流寓他乡的眷念之情。

记得郑逸梅有一则札记说,许廑父为邻居捉刀写信,其人乃一宁波老妇,开口便问:"这封信是寄给宁波同乡的,不知许先生能不能写宁波字?"许听了大笑,连称:"能,能。"老妇大喜,一再称述:"许先生真是才子,什么地方的字都会写。"

姚茫父的《黔语》,便是我们自己地方才子写的"贵州字"。

言归正传。丝娃娃是典型的街头小吃,有朋自远方来,提出要亲身感受一下贵阳的市井生活。带着他四出觅食,其中一味就是丝娃娃,选的是省府路贵山苑内的黄大琴家,因在住宅区里,教授了此公具体吃法后,看他笨手笨脚地裹不成形状,稍稍用力过度,便皮破丝落,满桌狼藉,倒也是一大乐事。

说起黄大琴,忍不住多写几句。好味不怕巷子深,生意好到

爆，故而从来不太待见人。不过对熟客，也还算客气，偶尔减个零头之类权当打折。有个细节我特别喜欢，倒不是因为"环保"——客人不小心弄掉一枝筷子，喊老板娘拿，连体一次性筷子，必定只掰一枝给你，剩下一枝，扔回抽屉备用。

包丝娃娃，当然有所谓的一定之规。前面讲过了，形如襁褓，是标准样式也。贪心的食客，也有直接把配菜放在薄面皮上，堆得满满当当，裹也没法裹了，快手快脚，胡乱浇上些蘸水，吃得包口包嘴。风度虽不雅，但胜在多吃多占，实惠划算。

还有的客人，一面包丝娃娃，一面就要挟上几筷子配菜直接进嘴巴，老板看到，客气地便要提醒，脾气毛的，搞不好还会说上几句怪话。

还有朋友，深情回忆旧事说，上世纪八九十年代，女娃儿流行穿大蝙蝠袖毛衣，上街吃丝娃娃，太投入了，蘸水顺着手腕手肘一路流。等到吃得心满意足站起身，只觉得左边手臂又凉，袖子又重，饱饱地吸足了蘸水，揪将出来，几有小半碗之多。

不过，如今卖丝娃娃的店铺也都开始多种经营，比如丝恋、包整之类，丝娃娃之外，还有若干土菜和小吃任选，我去吃过，味道也都不俗。然而，关于丝娃娃的记忆，还是塞不满牙缝的"牙巴*丝丝*"来得原汁原味。

说到底，丝娃娃这种东西，最适合的还是街头小店里，围一张矮矮小小的桌子，吃一餐零零碎碎的玩意，聊一点叽叽喳喳的闲天，这才合辙合拍。

路边寻味，旧事上心头

手机上安装了计步器，每天自定的标准是不少于六千步。但我还有个原则，即能走路一定走路，却绝不为走而走。某次去探望一位老先生，返家只需不到半小时脚程，索性跟同行的朋友一路逛回来。

从铁桥出发，穿贵阳友谊路、文昌路而下，边走边聊，突然发现无数美食记忆散落街边巷头，叫人忍不住想付诸行动。

铁桥不消得我介绍，有一家著名的铁桥肉饼坐落于此，十几年前，老友李嵩夫妇还在达德书院里经营书店时，我经常周末去翻书、喝茶。某天中午刚刚踏进店门，便听他嚷嚷说来得巧，"正好从铁桥买回一包肉饼，你没吃午饭的话就一起吃"。

当然不会客气，就着一大壶热腾腾的普洱茶，连吞数张，狼吞虎咽中，还是记住了味道——典型的贵阳口味，饼大如人脸，面里掺和着肉末、葱花、胡椒之类的配料，经高温油炸，又酥又香，冷了则略带韧劲，一样好吃。

友谊路没什么熟悉的吃食，倒是知道旁边的虎门巷有家好吃的清水烫，差不多七八年未尝光顾，想来应该还在经营，生意也不会差。好吃的清水烫，原本文昌路上也有一家，其特色是例用平底深锅，灌汤肉丸做得超级棒，吃时得小心，稍不留意，滚烫的灌汤可能喷你一脸一身。不过，这家小店早就歇业，不知何时消失，只残存滚烫或者说灌汤的记忆。

文昌路拐出去有条小街，是附近的菜场所在，巷尾就在延安路上外文书店一侧，有个至少摆了不下二十年的面食摊位，所制脑髓卷贵阳第一，无可争议，我每次路过都绝不会放过，不管什么点，至少买一个解馋。脑髓卷，对于外地人可能陌生，贵阳人都知道，就是甜花卷。不过一味甜食，也大有高下之别，说起来他家的东西也并无诀窍，无非料足，猪油、肥肉丁、大量枣泥，甜香无比。价钱自然也不会便宜，一个五元，但是放心，一口下去，千值万值。

这个面食摊上，还有典型的贵阳味包子卖。

抗战期间，漫画家黄尧流寓西南，辗转于大后方的重庆、贵阳、桂林和昆明等地，颠沛流离，不废丹青，仍然创作了大量漫画，据说，还曾将一套一百幅的《漫画贵阳》捐献给贵阳市政府，前些年市档案局再版，书名为《牛鼻子漫画贵阳》。

黄尧在配图的文字中写到"破酥包子"，题为《又酥又会破的包子》："即破酥包子，包子暄软，馅心细嫩，味咸鲜香，因内有层次，故称为破酥。当时贵阳汉云楼所做的破酥包子最有名，城南城北的人为一饱口福，不惜大清早到店领牌子买包子。因为保质量，该店每日限定数额只做三四百个。"

包子人人会做，南北皆有，各有特色。单说贵阳街头，包子店至少以数百计，老百姓上班赶时间，买一枚边吃边走，非常便利，需求大，自然应运而生，只是，挑嘴如我，即使是一味包子，也不好随意打发。

贵阳包子，不同于北方做法，面皮酥软，才是上品。且颇有几味外地所鲜见者，比如三鲜包子，馅里有肉，还有洗沙，又甜又腻。十几年前，三桥某个偏僻小街有家卖三鲜包子的小摊，要吃也须排长队。蒸出一笼，旋即抢光，遇到前面有个把一买头十个的主，真恨不得夺将下来，均其贫富也。

还有一味富油包子，名副其实，里头一包油。馅料有白砂糖和肥猪肉丁，讲究的还要放腌肉颗颗，高温使之融为一体，调和出绝妙好味。吃法也不同于一般包子，不能直接咬食，否则烫伤口舌，要用手掰，拿来蘸里面的馅料吃，细细体味其香甜。有个朋友的母亲，富油包子做得一流，她自谦只是舍得加料。当年不懂，现在回想，平实之中有至理存焉。

本地卖包子的店铺，我首推能辉酒店的食味坊，三鲜、富油、纯肉，各色包子俱全，最近有好事的食客遍尝贵阳十余家包子铺，逐一点评，跟我的见解一致。其评语曰："他家的肉包虽然肉馅儿不是很多，但味道却特别鲜，汤汁也很多。卖包子的师傅说，他们家的包子的馅儿是由厨师亲自熬制猪油，肉也是精选的瘦肉。总之，吃起来感觉肉质比较紧实，有淡淡的酱香味，皮也很酥，不会因为汁多而吃出烂糟糟的口感。"

点评者甚至还丈量了大小——皮厚0.6厘米,直径8厘米——个头不算小,早餐一枚足矣。我的感觉,能辉包子揉面功夫到家,馅料新鲜,层层叠叠,细腻柔软。去试过多次,的确不让前贤。

扯远了。文昌路再往前,有一家叫什么姨妈的猪脚火锅店,亦为过去经常光顾之处,猪脚打理得干净,炖煮软糯,蘸水也调制得好。夏日围坐,赤膊大嚼,痛快何如。猪脚之外,还可加肚条、大肠、排骨。久不至矣,都说世道人心不古,未知尚能保持当年水准否?

文昌路与中山路的交叉口,还有一家不错的卤味"满惠香",十几年前是家小馆子,炒菜之外,兼营卤味。不知何时起,馆子不再做了,门面越来越小,如今专注卤味,倒是一直都还好吃。

记得某位胖胖的过气节目主持人曾在《三联生活周刊》杂志上接受记者采访,说到自己年轻时当白领,写字楼附近有家西餐店,配有少量白菜馅饼,可点四分之一张尝鲜,其味出色,于是他每每去吃,一点便数张,几乎吃掉人家一天的配额。时隔若干年,故地重游,想起这家店,寻路而去,店还在,主营却成了白菜馅饼——说起来大有相似之处,可能专营一味,比较容易做得到位也未可知。

我的粗浅看法,卤味卤味,要诀在于卤制入味,对这种十几年来不坠家风的小店,无论如何要点个赞。

懒得绕路,事实上,文昌阁穿交通街、文笔街、蔡家街下去,便是民生路,美味集中,走不几步便是一家。其中,要特别安利下的，是碗饵糕，打米成浆，略经发酵，蒸制而得，带有缺衣少食年代的典型特征，以少许食材，尽可能地弄得大些大些再大些，泡泡松松，似酸似甜，是个颇为清淡而且怀旧的小吃食。

此外，民生路上，也有一家安顺包子的摊位，天天排长队，几乎每种都买来试过，窃以为，富油包子最佳。

最后得汇报下成果，一路逛下来，买了几个脑髓卷、一包卤味，正好回家佐粥，跟走路的原则一样，能吃点好的一定吃，却绝不为吃而吃。

前面谈到肉饼，忍不住还得多啰唆几句，某本土媒体的微信公号刊出一篇文章，说是兴关路有一处肉饼店，日均卖出肉饼两千个之多。脑子里马上有画面和气味冒出来，滚油下锅，翻转数遍，待其两面金黄，以极长的筷子夹起，置铁架上，稍等片刻，滴干净残油，趁热食之，简直不要太美好。

作者在文内亦有描写：

> 一张白色的面饼，在菜籽油滚烫的"入侵"下渐渐膨胀并呈现出诱人的金黄色。待放入滤油架不久后，便可装袋供食客品尝……

> 记得小时候买油饼吃，酥脆可口，味道仿佛还残留口腔，要说不足，是饼里的馅料实在少得可怜，曾写过竹枝词调侃，说什么"偌大个饼下油锅，葱花还比肉要多。再夹一筷水盐菜，搭碗豆浆加糖喝"。

这是大实话，肉末只寥寥几粒，不够塞牙缝。我还有本写贵阳小吃的书——《食遇：贵阳小吃杂咏纪事》也写道："贵阳人吃肉馅油饼，传统的吃法是划开一个口子，塞入自制咸菜，现下已少见矣。照例是配豆浆吃，倒是一直持续至今，虽说味道是越发地寡淡了，据云掺水太多，但想想看，如今掺水的又何止是豆浆，也便释然。"

倒是另有一个记忆，叫我难忘，上世纪八十年代，奶奶工作的单位在富水北路靠近延安路这一侧，附近有摊贩卖鸡肉饼，我假期回贵阳，白天有时也跟着奶奶去上班，中午饭往往就是一碗粉面搭配鸡肉饼。饼只有普通吃饭的碗口大小，厚约二指，油炸至起酥壳，肉馅是不是鸡肉，老实说吃不大出来，然极鲜美多汁的印象留存至今。奇怪的是，现在难得一见，偶尔遇到，买一枚尝尝，好像已经不是那个味道了。

九十年代中后期，我大学毕业工作，有两位好友成为很长一段时间中午觅食的同伴，文昌北路上曾有一家山东肉饼店，我们差不多每周都要光顾一次，其饼颇大，切作几块，论斤卖。点斤把肉饼和千层饼，配一两个凉菜，三碗杂粮粥，便是非常巴适的一餐。这可是名副其实的肉饼，里面厚厚一层肉馅，过瘾之极。

吃了两三年后，这家店慢慢萧条下来，碗碟破旧不堪，似乎也无心更换，老板总是神气怏怏地坐在门口抽烟，见客人来，爱理不理。再过些日子，好像便关门大吉了，我们兴趣转移，加之各有各的事情忙，聚餐不知何时中止，其中一位朋友甚至音讯少闻，算起来快有十年未见踪影。

话说兴关路这家未尝光顾，改天得暇，要去比较一把，看看里面是肉多还是葱花多。从公号上配文的照片看，肉不少，否则，便只配叫作葱油饼了。

愿做米粉"粉丝"的朋友举个手

北人食面,南人吃粉,这是地理和气候因素共同导致的结果。米粉在以大米为主要食物的地区,自然而然地发明并且流行。贵州地处西南,食粉向有传统,米粉为平民食品的大宗,其风味之多样,堪以傲人,以后还会逐一涉及。

一九四二年,贵阳文通书局出版《贵阳市指南》,内中写到米粉的做法:"黔人磨米为浆,蒸之成固体,再用手揉制,揉过后以机榨成圆丝如面条。用开水沦过数遍即可食,名之曰粉,以之作早点、午点、消夜等之用。"

米粉当然不止圆丝状,贵州米粉中,还有扁状,称为米皮或宽粉。总归中国南方诸地,米粉类制品层出不穷就是了,而其中享誉全国者也不少,比如云南过桥米线。名作家汪曾祺在西南联大期间住过昆明将近七年,多食米粉,印象太深,老来著文,回忆旧事,常常要提起,字里行间,读得出他的喜爱。据说当时的联大教授,钟意于此味的不少。不过,经由汪先生的文章,也足以看出米粉确是盛行于南方少数几省的主食,他说:"未到昆明之前,我没有吃过米线和饵块。离开昆明以后,也几乎没有再吃过米线和饵块。"

贵州省会贵阳市,林林总总的各类小吃不胜枚举,如果要找一个最具代表性者,窃以为,非素粉莫属。差不多可以说,所有贵阳人都是素粉的粉丝。

这可不是夸张,在贵阳的杂弄里巷,素粉摊店随处可觅。而其最主要的两样原料,米粉和油辣椒,都是贵阳乃至贵州饮食的重要组成。只是,贵阳素粉的原料独树一帜,当地人称为酸粉,其形制较粗,似经轻微发酵,略带酸腐气息,吃不来的人简直难以下咽,嗜者却非此不乐。

此味他处无之,就我所闻见,海南、广西都有酸粉,但归根结底是靠外物调味,粉本身倒没有酸味。

素粉味道高下,有一个硬指标是油辣椒制得如何。贵州油辣椒,名声在外者当属"老干妈",据说,有华人处便有"老干妈",大大为吾乡长脸,更足见其接受程度之高。但街头素粉摊店里的油辣椒,却各有特色,"老干妈"之流的工业化标准制品,本地人是瞧不上的。有位世伯,跟"老干妈"有些特殊的渊源,于是陶老太太每年会亲自烹制一大罐油辣椒相赠,偶尔去他家,特地提起此事并捧出展示,得意之情溢于言表,无他,只因这是"专供"而非"量产",这便足以傲人兼忾人了。

贵州人煮粉吃,一般不说这个"煮"字。民国时期的大学者姚华著有《黔语》,也就是有关"贵州方言"或者说"贵阳方言",其中有一条关于"粉",考证极妙,不抄下来都不得行:"稻粉

为条,贵阳盛行食品也,语辄曰粉,则知是条。不谓屑,凡屑皆谓之面,无论稻或麦也。粉是熟食,惟欲热而不使烂,则于热汤沸过,漉之,曰芼。饭亦或曰芼。宋陈唐卿《劳农净居赠皎启二僧诗》有句云:芼葱汤饼聊堪饱。用此字。故知贵阳芼粉、芼饭字皆同作。惟贵阳语虽有此,而未见人书耳。芼音如冒。"

确实如此,君如不信,随便找个素粉摊摊,不要两分钟,保管你听到老板大声武气地喊小工:"芼一碗粉,带走。"

外地人久居贵州,因此而爱上此味的也不在少数,我的好友杨胡子,河南人,随妻入籍,快二十年了。自幼嗜面如命,如今却只吃粉,且酷爱素粉。我们开玩笑说,胡子到贵州这些年,但凡他喜欢的面条,三五个月后,店铺必然倒闭,可见此公是个真正粗货,他爱吃的,本地人都避之不及。搞得面馆见他来,忙不迭要送瘟神,迫不得已,改了口味,以免祸害商家。

当然只是玩笑,但米粉确实是贵州人乃至贵州女婿的心头爱。

我有一个老叔伯,曾总结贵州人的特性,性贪安逸而好享受、易满足。说得极是,总之,荷包虽不宽裕,却总能把寻常日子过得有滋有味,是这方水土上普通百姓的一大好处。而米粉之为物,价不甚昂而食之有味,原料简易而制作精心,正与贵州风土人情相契合。

宫保鸡丁正"宫"之争考

贵阳街头小馆子,有个常见的共同点,就是好以宫爆风味作为号召,前不久接待几位四川客人,大为不忿:"明明就是我们川菜嘛。啷个(作者按:意指怎么)成了你们贵州特色咯?"

算是问对人了,十几年前,我还在媒体从业时,还真的专门写过稿件,装模作样地释疑解惑,正本清源,其结论很清楚——宫保鸡丁是地地道道的黔菜,不少地方乃至于本地都将宫保鸡丁讹为"宫保鸡丁",以为"宫爆"是一种烹饪方法,更是大错特错。

四川作家愚人著《川菜:全国山河一片红》,其中写道:"以'红锅小炒'为主要烹饪方式的南馆,主要供应'大抵肉片、肉丝、肝花、腰花、宫保鸡丁、辣子鸡丁等',正是南馆的红锅炒菜,经过一百年来的精致化,发展到今天,使得川菜成为在四大菜系向中国烹饪提供的名菜单里,炒菜占其中比例最大的菜系。这些名菜大约是:宫保鸡丁、鱼香肉丝、回锅肉等。"

容我略为申说一番,宫保鸡丁系清代光绪年间的四川总督丁宝桢府中首创,而丁宝桢原籍贵州省平远,也就是现在的织金县人,清代咸丰进士,曾任山东巡抚,后任四川总督。烹饪行当的说法是，丁宝桢一直很喜欢食用辣椒与猪肉、鸡肉爆炒的菜肴。调任四川总督后，每遇宴客，他都让厨师用嫩鸡肉制作炒鸡丁，肉嫩味美，很受客人欢迎。后来由于他戍边御敌有功被朝廷封为"太子少保"，人称"丁宫保"，其家厨烹制的炒鸡丁，也被称为"宫保鸡丁"，并逐渐流传到全国各地。

采访中遇到的一个重要人物是曾任贵阳贵溪饭店行政总厨的国家特级烹调师王邢运，在他看来："川菜的名气较大，加上丁宝桢又曾在四川为官，久而久之，以讹传讹，宫保鸡丁就被人们认为是四川名菜了。其实，丁宝桢自幼在贵州长大，成年后游宦在外，所以才叫家厨做贵州菜聊解思乡之苦。宫保鸡丁无论从烹饪方法还是选料上，都带有地道的黔味特点，现在流行的做法，其实是后来的川菜师傅改进过的，已经不正宗了。当然，人有千种，口味就有千种。无论川菜、黔菜，做宫保鸡丁都有其独到之处，各有千秋。只是，从渊源上考证，宫保鸡丁确是黔菜。"

川黔做法之不同，据王师傅的对比，约有四条：

其一，宫保鸡丁选料考究，川厨用鸡脯肉，贵州做法则要选仔公鸡的腿肉；鸡脯肉纤维长，腿肉纤维乱；鸡脯肉嫩，仔公鸡的腿肉更嫩，且更有嚼头。

其二，川厨做宫保鸡丁用干辣椒，贵州用糍粑辣椒，且最好是花溪辣椒，又辣又香，择上好者，洗净晾干，讲究的是用擂钵手舂，绝对不能拿机器打制，否则味道大变，没有香气了。

其三，调味汁的做法也略有差异，酱油、醋、糖、芡粉几味，川黔都一样，比例多少，各有不同而已。但川厨用豆瓣酱而黔菜用甜酱，这是个很大的区别。腿肉切丁后还要加少许甜酒酿，贵州宫保鸡丁要能吃出淡淡的荔枝香味来，稍许加些甜味是必不可少的。

最后一条，黔味宫保鸡丁绝对不能加花生或者腰果。

同意王师傅的观点，但我还得多说几句，即很难说川厨、黔厨，孰对孰错，食材和烹饪，皆随着人的流动而碰撞融合，于是乎产生新的饮食，虽曰似是而非，其实正与文化的变迁发展一样，全盘照搬一定水土不服，适当改造才能生生不息，习惯了都是好滋味，不必争个正"宫"之味。即使是贵州馆子炒宫保鸡丁，也各有各滋味，并无一定之规。

某次参加一个黔菜论坛，有专家提出，要发展黔菜，当务之急是制定标准，且必须推广，这样才能确保食客吃到的黔菜有固定的滋味口感，从而发扬光大。我接着发言，倒是颇为含蓄地表达了一点不以为然，盖饮食一道，最重要的特性便是多元与融合，小到一味菜品，需要多种食材与调味料的相互帮衬结合，大到一种菜系，也是在不断吸收外来的烹饪手法和新奇食材的过程中逐渐丰富，故步自封，强求一致，窃以为期期不可。

说到底，以上所谓正"宫"之争，皆为游戏文字，川式、黔式，各有各的好，各有各的道理，毕竟，"百花齐放才是春"嘛。

黔式快餐数烫菜

一个朋友约到咖啡吧聊点事情,正好碰上饭点,问想吃什么,选择有二——店里的三明治、煎银鳕鱼配咖啡,或者,找外卖送烫菜。

略为犹豫片刻,还是选了烫菜。因为据说,这一家,可是当年颇有名气的人民剧场烫菜迁来的。城市改造,早就换地方,很久没去了,居然还有些想念。开包一尝,蘸水里的泡萝卜分甜酸两种,且味道依稀还能忆起,朋友慷慨,点的内容堪称丰盛,最好玩的是,吃着吃着,甚至还找到了上一锅遗漏下来的一小块猪皮。这是吃烫菜常有的经验,即但凡有,且只有唯一一件的食材,多半都是漏网之鱼。哈哈。

烫菜不知别处有无,更不知何时出现,谁人发明,做法也简单无比——筒子骨加各种大料,各家用各法,熬制汤底一大锅,事先备好各色蔬菜、肉类和豆腐类菜品,分别标价,任由吃客选择,按份算钱,下锅烫熟,连汤盛入大碗中,调好一份辣椒蘸水,配白饭,所费不多,就能对付一顿,且营养基本上齐备,味道也颇为不恶。

贵阳的普通工薪族，午间充饥，光顾者众，图其便宜省事好吃之外，也还因为立等可取，不耗时间。不知为什么留下个印象，觉得吃烫菜的女士居多，男性较少，所以也不大问津。唯人民剧场这一家，有一段时间经常去吃，颇有些感情，其中一个特色，前面说过了，就是做蘸水时提供甜酸两种泡萝卜，任君选择。

还有一处比较有名的，在贵州日报对面一小巷子里，其招徕顾客的方式别致：自称绝不用地沟油，证据是在店里一面墙上，摞上累累空油瓶，以示清白。我开玩笑说，光看这个可做不得数，好比在鸡蛋糕里吃到了碎鸡蛋壳，未必是放了足量的鸡蛋，很有可能只是放了鸡蛋壳。

我家附近的万东桥下，也有一家烫菜店，几个中年大姐经营，看上去还算干净清爽。周末陪女儿在家，懒得做午饭，便不时去打包一份。几十种荤素食材摆出来，取一双公筷，一个不锈钢海碗，择己所需，拈入碗中，有一点要牢记，某种食材须烫几份便拈几个或几片，大姐们会帮你配齐，同时下锅。沸腾的深锅里，上下翻飞片刻，烫熟捞出，盛好加汤，自己再做一个辣椒蘸水，打一份米饭，而女儿爱吃的一种油炸丸子切记不能先烫，而是另外拿塑料袋单独装好，拎回家，开餐时放进尚且滚烫的汤里，趁其略带脆劲，赶紧开吃。

烫菜不同于火锅或者麻辣烫，简单易得，街边巷尾，随处可见，就算是一个人就餐，也能吃到较为丰富的东西，本质上可以归为快餐食品一类。我最早接触此物，是在大学时期，食堂菜实在难吃,好在那时管理不严,学校周边的商贩看到商机,沿着食堂旁边的路侧,摆起了长长数十米的摊位,各色菜肴,"琳琅满目",其中便颇有几家卖烫菜的,不过,男生少见,毕竟,我们是更纯粹的肉食动物,只靠这一点热量可支撑不下来。饱饱地弄一顿肉吃,大概更接近我们的理想。

由此想起一个爱吃肉圆子的朋友老张,二十多年前,刚刚大学毕业不久,他独居一套旧公寓,成为朋友们的重要据点。某次,老张突然提出,狠狠地煮一锅肉圆子火锅,吃到饱,吃到撑……如何?凑了个周末,买几斤肥瘦得宜的好猪肉,老张亲自上阵开剁,两把菜刀飞舞,大有当年镇关之西风采。

只见五六条好汉,围着闷闷一大锅肉圆子,热气蒸腾,载沉载浮,筷子翻飞,流涎流汗,直吃到天昏地暗,日月无光。怀念啊,那真是一段"精力弥漫"的时光,用《编辑部的故事》里的余德利的话来说,正处在"为了弄一顿饭,可以什么都不干的年龄"。

俱往矣。去年初,老张约当年这帮老朋友吃饭,一大桌子菜中,特地烧了一碗忆旧肉圆子汤,看得出手艺的进步,汤料讲究,馅料精致,可惜大家都只是稍尝辄止,筷子都往素菜上面伸,倒是铺底的豌豆尖顷刻便尽。

看来,下次聚会,点一份以蔬菜豆腐为主的烫菜外卖,略配下酒的凉碟便可,人到中年,宜于清淡,偶尔夹到一筷子漏网的碎肉,添些荤腥味,足矣。

宵夜江湖二三事

北大路鲁山人在日本被视为国宝式的人物,他生于明治十六年,也即公元一八八三年,家境贫寒,自学成才,是集美食家、大厨师、书法篆刻家、画家、陶艺家、漆艺家、散文家等于一身的"大玩家"。其存世的陶器据说已是天价,且还一器难求。

最近读到他的《日本味道》一书,其中一文讲到田螺,认为"是一种不可轻视的美味食材","哪怕是作为主菜前的下酒小菜端上来,我们这些人都会自然感到亲切,不由面露笑容。一般各地都是切大量的生姜末煮熟吃"。

鲁山人甚至说,自己幼时得肠炎,医生说没救了,碰巧厨房里煮田螺,他闻到香味硬要吃,结果,"就好像吃了什么灵丹妙药似的,七岁的我眼看着精神就好了起来,逃过一劫,没几天就完全好了"。

螺蛳居然如此神奇,以前真没听说过,听说了也还是不大相信。姑妄言之吧。倒是贵州人也爱吃螺蛳,但似乎少见于饭桌酒席,倒是路边摊常见,长盛不衰,是三五朋友小酌闲话佐酒的隽物。

年齿渐增,深夜饮啖不宜健康,遂淡出江湖。这些年,已少

在外吃宵夜。但记得好些年前，贵阳花果园狮峰路有一家"胡子螺蛳"鼎鼎有名，虽说略嫌偏僻，食客依旧从各处觅来，生意火爆。

我有个同学，家就住在旁边，有那么几年，一度是我们常去的据点，夜深散场前，时不时就会光顾，点一两份爆炒螺蛳，几瓶啤酒，隔壁摊位再要几碗开水面，继续聊上个把小时，酒足饭饱，各自归家。

吃螺蛳有讲究，牙签挑出来，连肉带肠，都在一起，后半截不能吃，得小心咬掉。螺蛳本小，肉就更少，吃这个，速度不会快，目的不是充饥，混嘴巴而已，但对烹饪者的要求不低。

螺蛳生长水田中，一股子土腥气，先得养，待其吐净泥沙，然后一通刷洗，才能下锅。而这玩意倘不入味，简直毫无吃头。贵阳人的做法是猛火快炒，下料要重，姜、蒜、辣椒、酱油、醋、糖都少不得，下手还要快，才不至于炒过了肉老掉嚼不动。

据说，这家"胡子螺蛳"早在上世纪九十年代初就已在此摆摊，老板是一中年男子，不知其姓氏，嘴边一脸络腮胡子，颇有个人特色，连带着成为招牌，远近有名。

前不久偶然路过，发现夜市摊上，"胡子螺蛳"依然如故，只是菜品增加不少，大红螺、贝壳、小龙虾、花甲……都上了菜单，看来也与时俱进了。

须得多说一句的是，贵阳不少夜市摊点炒小龙虾可以加料，莲花白、魔芋、洋葱、豆腐等食材是首选，吸足汤汁，其味不下小龙虾本身。

十几年前，贵阳文化路上，有一家"袁眼镜炒小龙虾"，一度名声在外。有意思的是，其之所以得名，是因为老板戴副近视镜，特征明显，跟"胡子螺蛳"的取名一个逻辑。别的不敢说，至少方便食客，即使初来乍到，一眼可识。

吃螺蛳和小龙虾，都得借助工具，前者须有牙签，后者则塑料手套，加之都是重口味炒制，汁水淋漓，不算雅观。而且皆需剥壳，吃下来简直满桌狼藉。原本是朋友聊天，吃着吃着就深入进去，全力以赴对付食物，忘记了正题，是个不大不小的缺憾。

近年来小龙虾大行其道，全国各地，概莫能外。螺蛳一物，小而寡肉，论味道鲜美，也远逊之，且有怎么都洗脱不掉的土味，所以始终不温不火，不是偶然读书见到邻国的美食家提及，难得想起。改天碰上，还是该点上一盘，把酒忆旧，正所宜也。

话说某天看到媒体的报道，题为《再见，青云路夜市！再见，我们的深夜食堂！》，文中写道："听到青云路夜市要关闭的消息时，我们正在青云路胡姥陆烧烤撸串，刚刚点了一盘炒鸡血和几十串烤牛肉。原本下班后的悠闲，突然被打乱，匆匆吃完，便和同事回家拿机器，想要记录下青云路夜市营业的最后一晚。"

青云路的夜市其实我不大去，但读完居然也有些感叹。

前面说过，不吃或者至少是鲜吃夜宵十几年了。江湖往事，夜市风云，犹可一谈。二〇〇〇年前后，我在报社做过整整四年夜班编辑，弄完版面，老总签字付印，基本上都在凌晨一两点钟以后，精力耗尽，腹中空空，一顿宵夜不可或缺。

贵阳本地人都知道，相对比较集中成片的夜市，陕西路、合群路一般我们不会去，那是外地游客的选择。我那时工作的单位在小十字，要论热闹繁华，全城第一，犯不着舍近求远。

一度特别爱吃蔡家街某家猪脚面，黄焖猪脚又软烂又入味，满是胶原蛋白，咬下去能黏住嘴巴，汤亦浓稠，一碗下肚，立刻有满足感从胃里涌起来。记得那时敬业爱岗，边吃东西边聊天，谈的全是新闻理想，好些有趣的策划，都是从那张油腻腻的餐桌上聊出来的，某次同事开玩笑，说是千万不要让同城的竞争对手知道，否则每晚来个卧底，在邻座偷听，我们所有的杀手锏都泄露无遗。

还有一处爱去的是文昌路上的"刘半夜"，以鸭块面著称，烧煮得宜，切作大块，铺在面条上，价廉物美。更重要的还有各色卤菜，加之通宵营业，若想多坐坐侃大山，是不二之选。当年有个同事老大哥，极能喝慢酒，虽不上夜班，但喜欢跟我们厮混，几乎随叫随到，一旦加入，不喝到五六点钟天色麻麻亮绝不起身，东拉西扯，不知所云，我是扛不住，往往中途便借故溜号。

如今这两家店都早关张，偶尔还会怀念，尤其是"刘半夜"的泡蒜薹，入口酸脆，等面上桌前先吃上几筷子，立马开胃兼醒瞌睡。

另外一家值得说说的过去式小店，是文化路上的"马凯面馆"，面少汤宽，辣鸡、软脆哨、肉末、排骨任择，再捞上一小碟子凉拌折耳根，绝配也。当时有位同行女士，性格爽朗却颇有些大小姐脾气,有一次跟我们去吃面,略食两根意思意思,拈几筷子软哨吃吃,喝一口面汤便推开不再"临幸"。我开玩笑,说她是张爱玲上身,坐的也是"油腻的桌子",面虽美味,却只"把浇头吃了,把汤滗干就放下筷子,面一口没动"。

这家店也没有咯。据说消失得不大体面,有兴趣者自己去问度娘。

文化路现在因修人民大道改造加宽,早不是当年面貌。过去这条小小的街上,好吃的夜宵不少,最著名的也许还是前面提过的"袁眼镜炒小龙虾",凡去就看他一锅接一锅,几乎不得休息,生意好到爆。挨着街口这一片,还有好几处路边摊,卖各种炖菜或卤菜,如果只是填肚子,三五个人,看菜点单,萝卜或海带炖排骨、肥肠、猪脚、肚条之类,点上若干碗,舀一小碗蘸水,就着热饭,香何如也。

最后说一说和平路的砂锅羊肉粉,也是晚上才出摊。有那么一段时间,同事某兄不知为何迷上这家的滋味,三天两头叫嚣着要去吃,吃久还吃出了道道。据他说,这家店味道虽佳,但不地道的是分量太少,羊肉切得极薄,且只寥寥几片,就算加肉,量也只有其他家的单碗分量,要想少费多得,有一个办法,即先点一个单碗,等粉煮好,吃两口叫来老板,表示要加肉,"他当你的面加肉,不好意思给太少,比直接点加肉的,至少多出一半"。

补充一句,这位老兄如今也是贵州新闻界的大佬了,按照他这个爱琢磨会计算的性格,想必谈起项目来,不会吃亏。

曾借临河楼小坐

姑且容我用以下的文字，缅怀一下已然消逝了的一家贵阳美食店铺——河滨茶馆。

顾名思义，河滨茶馆真的就在贵阳河滨公园里面，且坐落河边，绿盖遮掩，花草繁茂。门前有个小院坝，藤椅石桌摆了好些套，天气佳时，不用进包房，屋外就餐，风味更胜一筹。

要说苦处，夏天傍晚蚊子多，点蚊烟香也未必管用，店家体贴，备有驱蚊止痒的药水，像我这种招蚊子的体质，只好一借再借，一喷再喷，却也拦不住蚊子一咬再咬。

先说吃食。河滨茶馆开设何时，已不可考，在我印象中，似乎超过十来年，老板和老板娘都是朋友，并且与贵州省文化圈子极为熟络，菜式虽说与一般的家常菜馆并无大的分别，胜在用料新鲜，时令蔬菜应季供应，烹饪得法，兼之还确有几味独到的好菜，气氛环境、味道食材，都非常可人，于是也便座上客常满，杯里酒不空了。

河滨茶馆的炖牛肉是一绝，必须提前至少一天订，现进货，连肉带筋一人锅，软烂入味，汤极浓，加有萝卜，更增鲜甜，蘸

辣椒水食之，写着写着就流下口水来。

河滨茶馆还有一个特别受到爱酒人欢迎的东西，是下酒菜的拼盘里，除了油炸的花生、虾片、阴辣椒外，还有油渣。以前写过："脆哨和油渣不同，后者是熬制猪油的副产品，相对而言要偏肥些，小时候的记忆，妈妈制好油，得油渣一小碗，略放些白糖，必须趁热赶紧吃，又烫又腻，双重的刺激，但嚼在嘴中满足无比。现在已是中年油腻大叔的年纪，吃是不敢吃了，就连想想看都觉得是罪过。脆哨不然，炒制过程中产生的油才是副产品，取槽头肉、五花肉或精瘦肉皆可，味道各有不同。"

河滨茶馆的油渣偏瘦，略带咸味，颗颗饱满，外壳微脆，嚼起来却有弹性，满嘴都是肉香。

可说的还多，限于篇幅，不一一举例了。老友高爷，有个独门绝招，即酒酣耳热后，选几味吃剩的菜品，加汤加米饭，煮成一锅杂烩，作为收尾的主食，是我们在河滨茶馆聚会时的保留节目之一。说起来不难，诀窍在于选择哪几样剩菜烩煮，虽说等到上桌时，与宴者八九已经不剩多少食量，闻到香味，还是忍不住得添上半碗，且吃过没有不衷心赞赏的。

我偷师学艺，曾模仿过河滨茶馆的一个菜式——豆米红烧肉火锅。如其名，贵州人家常必备的豆米汤与红烧肉同煮，作为锅底，烫蔬菜、豆腐之类的火锅菜，简单易得，自己在家做，甚至不须亲自烧肉，超市买两个梅林的红烧肉罐头，也能调出不错的滋味，以之待客或临时开餐，轻易就能下两大碗白米饭。

然河滨茶馆更重要的意义或者还不仅仅在于吃，常来常往的熟客，多为贵州文化圈的闻人，好些朋友，几乎天天到此签到打卡。小子不学，碰巧也跟他们中不少人熟识，以至于每去必有一二桌是朋友聚餐，开玩笑说，如果临时想蹭个饭吃，到点去河滨茶馆，绝对有人招呼你进去加双筷子。

来过河滨茶馆的文化人，本土的不消得说，中国有数的学者、作家、艺术家，数也数不过来，我所陪过的，就有好些，比如谢冕、陈嘉映、资中筠、李长声、扬之水等等。在这个意义上，不起眼的茶馆，也是为贵州文化建设出了一份力的重要参与者。

老板老陈哥，也是茶馆一景。朋友调侃说，老陈哥下午一个人到店，院坝里搬张藤椅，吞烟吐雾，读书看报。来一人，开始下围棋。再来一人，斗地主。又来一人，方城之戏。来到第五人，那就……开始喝酒吧。

遗憾的是，河滨茶馆还是因故歇业，一时间，熟客朋友们失落到顶点，须知，这个去处不单是肠胃的寄托，更是精神的牵连，以往约饭，心照不宣，压根不必要讲地点，是这几个人，一定便只约在河滨茶馆见。一时间没了"组织"，栖栖惶惶，没个着落。

俞平伯尝有诗曰："借得临河楼小坐，悠然尊酒慰平生。"我向来喜诵，甚至写成条幅赠予主人家。如今河滨公园的小楼尚在，人、事已非，叫人如何不喟叹莫名，草作小文，立此存照。

天下油炸是一家

刚从成都出差回来，期间吃上一两顿火锅自然必不可少，跟贵阳人一样，川人也爱吃的一味火锅配菜是酥肉，且吃法也相近，就是绝不煮进锅子里，而是趁热抓紧吃。

好吃归好吃，不敢多吃。因一般的看法，是认为油炸食品不利健康，导致好些美妙的食物如今都较少问津。

但是很奇怪，无论中外，老百姓对油炸食品的喜爱却并无两样，几乎可以说，天下油炸是一家。贵阳或者说贵州人富有特色的油炸食品，我尤其愿意推荐豆沙窝，因别处似乎不多见。

豆沙窝的做法，是以熟糯米捶成面，裹入咸豆沙馅子。制作的要诀有二，一是不能捶得太茸，多少要留一些整米，口感方佳，二是馅中需加少量花椒，味道才能正宗。一般来说，卖豆沙窝的油炸摊子都兼做糖麻圆，咸甜并得，顾客凭口味喜好不同，各有所择。

话说回来，油炸食品的确有其诱人之处。原因很简单，高温加上挂糊，封住水分，所以得其酥脆鲜嫩之妙。

上世纪五六十年代的过来人，都有对于油的特殊记忆。华东师范大学名教授杨国荣先生，长居上海，某次共饭，上了一碗馄

饨，他边吃边回忆小时吃剩的馄饨凉透后，油煎配泡饭吃，想起来都流口水，须知那个时代，但凡大量用油，都是奢侈的吃法，寻常人家，只是偶一为之耳。阿城在《棋王》那篇著名的小说中，就曾借"我"的嘴巴感叹："钱是不少，粮也多，没错儿，可没油哇。大锅菜吃得胃酸。"

如今社会进步，经济繁荣，中国人早就不再缺油短食，油炸食品不难到嘴，出于健康原因，反倒需要控制自己"馋"的欲望，怎么说都不是一件坏事。

讲到油炸食品，总觉意犹未尽，贵州各地街头巷尾的美味中，似乎还得再补充几件，才算是较为完满。

其中一个源自安顺的油炸食品，尤其为我情有独钟，即油炸鸡蛋糕。所谓鸡蛋糕，却不是我们一般意义上的那种甜食，我的好友黯食兄，曾撰文介绍，抄如下：

> 油炸鸡蛋糕原产于安顺镇宁，制作过程有点像是一种"土三明治"：先是用大米、黄豆涨发后掺入米饭、粉丝末，然后捣磨成浆，装入金属六边形模具至一半处，这时开始填入放在一旁的葱肉馅，继续装浆至满。准备工作完成后，将带着长柄的模具放入热油锅中，炸至金黄色取出。

食用前，根据食客的要求可选择扁鸡蛋糕和原型鸡蛋糕两种。扁鸡蛋糕是将金黄色的糕体压破呈扁平状，淋上辣酱和折耳根食用，搭配一碗热腾腾的豆浆；原型鸡蛋糕则可由食客将辣酱和拌好的折耳根摆在小碗里，待盘装的油炸鸡蛋糕上来之后，自己慢慢撕开表皮往里填塞内容。扁的和原型的两者我皆爱，往往会两个都要，大快朵颐。压扁的酥脆爽口、嚼劲有力；而原型的则外脆里嫩、绵软温实、回味悠长。总结起来说，就是脆壳焦黄，内瓤雪白，葱花翠绿，酱油微褐，色香味俱佳。

我第一次去安顺吃油炸鸡蛋糕，也是当地朋友带路，早早起床，走街绕巷，找到一家破烂棚户，候着等头锅炸出来的。吃过便不能忘，每去必食，跟油炸臭豆腐和豆腐圆子的道理相似，吃需趁热，过了那个热乎劲就不是那个味了。

我曾在新华社工作过，有那么几年，不时就得进京值班，总部的早餐，单调且乏味，唯二能接受的，无非豆浆配油饼、油条，以及豆浆配煎饼果子。炸油饼、油条，在北方人做来也跟南方并无大别，只是皆提前炸好，码在大盘子里，到手到嘴，蔫了吧唧，软塌塌的，既不脆也不热，实在没吃法。

要知道，中国人饮食讲究新鲜，可不单单只是食材的来源新鲜，也包含了制作过程，明乎此，才算是入门。

油炸食品中，贵阳人还喜欢一个炸鸭脖子，商贩最集中之地在小十字旁。名为炸鸭脖子，其实整鸭都可炸，滚油炸至极酥脆，裹上一层花椒面，连皮带肉带骨头，当街嚼而食之，满嘴麻到没知觉才算过瘾。贵阳人不算特别爱吃花椒，独此是个例外，且出现的时间也不过二三十年，居然成为贵阳一个颇有些代表性的小吃，可见饮食之道，其中自有玄机，深不可测。

"隐"君子豆腐

贵阳名声在外的豆制品小吃，首推豆腐果。

其做法并不复杂，铁板密集开小洞若干，上搁豆腐，以锯木面生火，取其特殊的烟火味，烤炙即得，外焦而里嫩，从侧面划开一个小口子，塞入事先拌好的佐料即可。需说明的是，中国人做菜，特别重视器物，该用什么不该用什么，大有讲究。故而划豆腐果，讲究一点得用木刀，以免沾染金属味。

贵阳素粉摊铺，每见行贩推车叫卖豆腐果，二物皆极平易，配而食之，相得益彰，所费绝少，已足堪解馋。

豆腐果里裹啥，不能随便为之，因其好吃不好吃，一大要诀是蘸水，这也是贵阳乃至贵州菜的独得之秘。老百姓评价某家店铺味道如何，此乃一大标准也。豆腐果的蘸水，最重要的调料有二，一者苦蒜，野葱也，较之普通香葱，味较强烈；二者折耳根，即鱼腥草，气味亦浓烈，唯黔人嗜之。冬日苦寒，得此一味，立街头，呼哧大嚼，可御冻馁。

豆腐古称"菽乳"，菽是大豆，其名甚雅。

古来文人，吟诵豆腐的佳篇无算，以好吃会吃著称的苏东坡，

有诗题曰《又一首答二犹子与王郎见和》："脯青苔，炙青蒲，烂蒸鹅鸭乃瓠壶，煮豆作乳脂为酥。高烧油烛斟蜜酒，贫家百物初何有？"可谓知言。

豆腐乃中国人饮食一大代表，一度热播的纪录片《舌尖上的中国》，口水滴答地介绍各地豆腐的特色，自豪感不言而喻。豆腐由来，前人的说法很多，一般以为是汉代淮南王刘安发明。世人每每喜欢将某样东西的发明权归诸古代的名人，我向来颇不以为然，至少就豆腐来说，恐怕还是人民群众的智慧结晶。

豆腐，其制作烹饪之多样化，简直难以胜数。我所了解，沧海一粟耳，原不当卖弄。但贵州人颇善烹饪豆腐，不下任何地方，单以小吃论，有几味值得一说：

一曰豆腐圆子，贵阳名小吃。顾名思状，豆腐捏碎，揉成乒乓球大小的丸子状，下滚油，炸得外酥里嫩，划开后塞入苦蒜、糊辣椒、折耳根、酸萝卜等调制的佐料，更增风味，本城最出名的是"雷家"，迄今不衰。

但用心做而且做得好的，却远不止"雷家"，譬如，省医侧门通往中医学院那条路上，就有一处无名小店，用料、味道都着实不错。但有一点需切记，那就是趁热吃，塑料袋或者方便饭盒装回家，重新加热，就没有那个酥嫩相宜的感觉咯。

如今好些酒店也备此一味，郑重其事地摆盘，大老远端进包房，还不急着上桌，等到放好，圆桌转到你面前，早就凉了大半，哪里还有什么吃头。而这，也是小吃不适合上台盘的原因，但绝不是贩夫走卒的饮馔见不了大场面，而是装腔作势的派头一定缺乏乡野市井之趣，方枘圆凿，实在不该"拉郎配"。

二曰油炸臭豆腐。稍稍捂得有些臭味的方块豆腐，以大锅滚油炸之，起锅后，放进一个大钵钵里，三剪两剪，改作小块，拌入类似豆腐圆子的佐料，但必不可少的是要加甜酱、香醋以及芫荽，盛入碗碟，即可食矣。在我小时候，吃得最多的一家，是汉湘街口三板桥的油炸臭豆腐，一个破烂路边摊，几年前还遇到过，今时不知是否尚存，即或在，大概也早易主。

三曰烤豆腐。记得上世纪九十年代中期就开始流行，且极少见坐摊，多为行贩。一根扁担，一头挑小板凳数张，一头是炭盆、烤架及其他种种物什，吆喝着找生意，随时可以喊下来，点上十个二十个，现烤现吃。豆腐极小块，炭火上烤至两面焦黄，辣椒面舀到小碗中，以牙签戳而食之，若是附近有便利店，亦可买两瓶啤酒就而饮之，个中风味，可以想见。少时读金庸的小说《笑傲江湖》，其中有个藏身贩夫走卒间的浙南雁荡山高手何三七，便"挑着副馄饨担游行江湖"，故每见卖烤豆腐者有骨骼清奇、举止从容之辈，不免幻想一番……

豆腐的品格也近于此，低调有内涵，平日隐于市井，偶露峥嵘，你才知道，此君绝对不可小觑。

抟而食之糯米饭

鄙人喜食糯食,唯独一个较少亲近的是糯米饭,因在我心目中,糯米饭略近于女性或女性化男性的选择。

当然这是偏见,做不得准。

近年来,城市管理越发规范化,街头小摊陡减,尤其是卖糯米饭此类器具较为庞夯(作者按:黔语"庞夯"指笨重)的,大铁锅一口必不可少,烧好一锅糯米饭,上面是一层蛋丝、香肠片之类的配料,下面还得有明火,又笨又重,城管来了,一准跑不脱。所以也便日渐"凋落"了,这是市容、市貌的进步,却换来了吃货们的一声叹息。

贵阳糯米饭通常只做早点卖,舀一勺放在塑料布里,捏出一个窝窝来,放入油辣椒,再加一匙白糖。这匙白糖很重要,体现了贵阳人来自五湖四海,不拘一格的那种创造力。在甜味和辣味融合中,似乎又彼此帮衬,非常有特色。

贵州师范大学严奇岩教授著《竹枝词中的清代贵州民族社会》一书,说贵州民族饮食方式的特点之一,"是吃时不用筷子,用手将饭捏成团食用,称为'吃抟饭'",这在民国时编撰的《台江县志》中有记载:"食惟糯米,不尽用匙等,半以手捏团食之。"

严先生还引用了不少古人所作的竹枝词佐证,譬如,刘韫良《牂牁苗族杂咏》:"香粳抟来香满手,囫囵抟紧囫囵吞。""勺抟饭紧圆为弹,抛向空中仰面吞。"

我猜想,贵阳糯米饭抟作一团,捧而食之,其风俗的由来,大概跟本地少数民族的饮食习惯有些关系。

朋友语我曰,六广门有一家糯米饭,贵阳第一。特地寻去,队排得是够长。有人一买十几坨,说是拿回家,放在冰箱里,每天取一坨,加热后当早餐。郑重有如此,足见名不虚传。

据说"古早味"的糯米饭不是这样,不是放酱油,而是红油,里面所放的脆哨也做得更讲究。余生也晚,没赶上,若是赶上了,说不定也就多了一个惦念。现下贵阳还常见贞丰糯米饭,油汪汪的一大锅,加上几片叉烧,舀勺辣椒,做得好的,也颇为可口。

再一个有意思的贵阳食物,是锅巴饭。

传统的做法,特制煤气炉,密密麻麻几大排,至少头二十个火。小砂锅装米加水,大火猛烧,适时放入香肠、肉片、烧鸡、鸡蛋、蔬菜等物。焖熟了,取一盘子,砂锅放上去,颤颤巍巍端到面前。浇上油辣椒,一勺一筷,左右开弓。

锅巴饭最妙之处,在于那一层厚厚的锅巴,吸足了油脂和配料的味道,勺子舀起来,逼近嘴边,另有一段焦香入鼻,勾起无限食欲。咬在嘴里,嘎吱嘎吱,够得你嚼半天。牙口不好者,轻易莫尝试。

以前工作的单位附近，贵医背街上，有一家砂锅饭做得不错。可选择的口味也多，我偏爱加了盐菜丝和脆哨粒的柴火砂锅饭，百吃不厌，可惜是锅巴嚼不太动了，只能"浅尝辄止"。每次看到老板收拾碗筷，锅里还存留着的那一层菁华，心痛不迭，却又无可奈何，心里便生出一阵"挥泪别宫娥"的幽怨来。

砂锅饭不是贵阳人特有的，好些地方都有，只是难得有机会尝试。前不久去广州出席一个当代艺术展，开幕式后的晚宴，主办者有心，从顺德请了一票据说上过《舌尖上的中国》的民间大厨来，有一味主食便是砂锅饭，我去看他们做饭，大为叹服。一个灶眼对三个砂锅，成"品"字形放在一个圆盘上，一开火便自动旋转，饭熟加料拌匀再稍煮片刻，上桌犹烫不留手，我连舀三碗，须臾便尽。

写到这里，开始吞口水了。几时得暇，是该去吃吃砂锅饭咯。

家常滋味长

"粽"口难调说粽粑

一般的认识，端午节纪念屈原，好像已经铁板钉钉，无可置疑，但民俗学家未必认同。

庚子年端午期间，我供职的贵阳孔学堂文化传播中心做了一期线上活动，请来的嘉宾里，有一位是贵州民族大学的龚德全教授。据他介绍，端午起源，肯定在屈原之前，更早的先民就将五月视为"毒月"，盖因天气变化，进入仲夏，各种病疫开始冒头，先民们缺乏科学知识，认为百病滋生，便需避邪驱瘟，慢慢演化出一系列的节日习俗，至今犹留存痕迹，譬如在家门口挂艾草和菖蒲，包香囊，饮雄黄酒等等。

然而，任什么也比不上故事的力量，端午节绑定屈原投江后，传之弥远，甚至不夸张地说，这故事里包含的爱国主义情怀，已经成为中华民族的精神象征，使得端午节在众多的传统节日中具有某种特别的意味。

适读南京画家高马得跟许宏泉合著的《醉眼优孟——说戏画戏》一书，高马得画话剧《屈原》，纵笔涂抹了一大片乌云，屈原也一身黑衣，披发昂首，似有不甘。许宏泉说："屈原谈不上爱国不爱国，他爱君王，他对君王抱有幻想，可君王并不认为他算'老几'。这是中国知识分子挥之不去的苦闷。"

高先生这幅画，题为《雷电颂》，是五幕话剧第五幕第二场的小标题，在原作中，作者郭沫若以他一贯的诗人激情写道：

> 屈原手足已戴刑具，颈上并系有长链，仍着其白日所着之玄衣，披发，在殿中徘徊。因有脚镣，行步甚有限制，时而伫立睥睨，目中含有怒火。手有举动时，必两手同时举出。如无举动时，则拳曲于胸前。

> 屈原：（向风及雷电）风！你咆哮吧！咆哮吧！尽力地咆哮吧！在这暗无天日的时候，一切都睡着了，都沉在梦里，都死了的时候，正是应该你咆哮的时候，应该你尽力咆哮的时候！

> 尽管你是怎样的咆哮，你也不能把他们从梦中叫醒，不能把死了的吹活转来，不能吹掉这比铁还沉重的眼前的黑暗，但你至少可以吹走一些灰尘，吹走一些沙石，至少可以吹动一些花草树木。你可以使那洞庭湖，使那长江，使那东海，为你翻波涌浪，和你一同地大声咆哮啊！

屈原是楚人，一般认为他出生于秭归，也就是今天的湖北宜昌。

绑定端午节的，除了屈原的故事，还有粽子。

贵州话不分平翘舌，"粽"与"众"读音完全一样，所以我们将庚子年孔学堂端午活动的主题定为"万'粽'一心，众志成城"，希望也像前些时候各地各色面条为"武汉热干面加油"一样，传递信心，寄寓希望。

我们还专门拍摄了四个短视频，一方面展示各地的不同粽子美味，另一方面，也顺带讲述粽子背后也许是更重要的"粽"情"粽"义。我得说，好些镜头，几乎有《风味人间》的即视感。其中一味福建烧肉粽，包粽子的苏大姐就住我楼上，为人和善可亲，坐电梯常遇见，久之熟悉，待我甚厚，年年馈之，不折不扣的中国好邻居。我家所住的小区，不知为何福建人特别多，有时在电梯里听他们叽叽喳喳地聊天，会有身在外地的错觉。我猜想，大概都是到贵阳做生意，彼此抱团，购房时互相招呼，于是聚居起来，倒也合乎情理。

台湾人沿袭闽省的粽子做法，美食作家焦桐对此有过描写，跟苏大姐的手法几乎一模一样："通常使用两片粽叶，叶片重叠，在手掌中坳成漏斗状，放入米和馅料，整平，严密裹起粽叶，再整平，绑绳子，缠绕粽绳的松紧系乎经验和巧手。水煮粽子时需预留膨胀的空间，因此绳子不能绑太紧，也不能太松，像初恋时握着对方的手，柔软而坚定。"

没错，我数过，苏大姐的粽子皆为两片粽叶，且东南方向，风格都类似，都是枕头粽，更妙的，也是咸味的肉粽子。一枚到嘴，方知惊喜不断，不单有事先腌制过的五花肉，还加了香菇、虾米、莲子、干贝、花生等等，丰富无比，煮熟后混融一片，精致多层次,鲜美丰腴,吃得我欲罢不能。

必须得说,庚子年实在特别而且难忘。视频还拍摄了一位武汉在贵阳开店卖炒龙虾的大哥,早上起床,独自一人包好粽粑,其制作手法、口味与贵阳人熟悉的白粽无异,煮熟后,一边享用,一边跟妻儿视频聊天:"我一个人也得好好过节,吃到这个,就有点家的味道了。"

看得我唏嘘不已。

半年来的抗疫之役,不是区区千字文可以描述,倒是想借中国古来关于端午节的美好寓意,送上祝福——"消除疠疫去无痕"。

朋友晓龙,曾是本地电视台有名的美食节目制作人,辞职创业,大概还是跟饮食相关的行当,因公司品牌取名,居然叫作"饱饱盒子"。人长得也有资深吃货的范,特地找我写个"饱"字,说是拿来做商标用,我连夜加班,写了若干张,随手还凿了个印章。次日来取,酬我辛劳,又值端午将至,特地送来自己公司出品的粽粑两盒。

我向来喜食糯食,第二天便蒸来当早餐吃,只是个人更爱咸口,尤其是肉粽,原因是,小时候在外公外婆家长大,而他们二老祖籍宁波,抗战逃难,颠沛西南,最后定居贵阳。外婆和几个姨妈都完全不会裹贵阳式的三角粽子,拿手的是硕大有料的枕头粽,重点是里面有一大坨酱好的半肥瘦猪肉,煮熟之后,趁热吃,肥肉已然化渣,腌料完全浸入粽粑里,呈明亮的酱油色,吃起来肥腴有味,满足无比。

前两年去嘉兴，中午临时找地方吃点东西，坐定下来，点好菜，突然想起当地粽子有名，金庸《神雕侠侣》就写到，杨过受伤，央黄药师的女徒弟程英给他裹粽子吃，"甜的是猪油豆沙，咸的是火腿鲜肉，端的是美味无比，杨过一面吃，一面喝采不迭"。程英误会，以为被杨过猜中了身世，"我家乡江南的粽子天下驰名，你不说旁的，偏偏要吃粽子"。

想到这里，再也按捺不住，旁边碰巧就有一家五芳斋，赶紧出门，买了几枚鲜肉粽子，趁热给大家分食，压压饥火，那味道，正是熟悉的味道。维系批量化生产，缺些热乎乎的家常气息。

粽子和饺子一样，某种程度上也可谓无所不包——赤豆、大枣、洗沙、火腿、海货……各择本地特产，与之搭配，调理出不同的滋味来。简单的二分法都不免粗疏之嫌，但据朋友说，各地粽子，大有不同，粗略地归类，北方多甜粽，南方多咸粽。

贵州咸粽的代表，常见的是所谓灰灰粽，多见于少数民族地区，清人余上泗《蛮峒竹枝词》有句曰："细淘乌米包如枕，收拾犁鞭过小年。"其原注说："仲家以六月六日为小年，其日食粽，用稻草灰和猪脂为之，长如枕，谓之'枕头粽'。"事实上，之所以用稻草烧灰，滤出其水裹粽子，缘于贵州历史上极度缺盐，不得不以土法代之。如今盐巴供应无虞，其风俗却保留下来，成为一种风味。灰灰粽也有裹作三角形的，里面亦可加入腊肉丁等物，大概算是一种"升级版"。

虽然"粽"口难调，贵阳粽粑的主流仍然是大白三角粽，里面什么东西也不加，煮熟后，最好待其凉透再吃，剥开拿一根筷子插上，对着亮处打量，糯米粒晶莹剔透，颗颗饱满。这时，蘸引子面或黄豆面吃，或者干脆蘸白糖，风味清爽。如今年齿渐增，甚至会觉得，只要糯米好，空口吃，满嘴米香，亦是享受。

我小时候跟外公外婆住在省府路转上去的那条忠烈街，附近是华家阁楼，为民国时代贵阳有名的巨贾华文鸿所建，据说已逾百年历史。再往下走，贵阳二中所在的那条小巷子，便是文笔街。而在很多老贵阳人心目中，这条街的特色便是卖粽粑，短短窄窄不到几十米的一条老街，包粽粑的摊位倒有头二十家（作者按：黔语"头二十家"指二十家左右），而且不到季节不出现，端午前个把月才冒将出来。自我记事起，将近四十年过去，经营如旧，算是本地一个蛮有特色的去处。

眼看端午将至，去超市购物，各色粽子都已上架，得承认，招贴画的确颇为诱人，却不大勾得起食欲来。窃以为包粽粑是个有仪式感的事情，文笔街上，但见三五婆姨，取张小板凳，坐门前，淘好洗净的糯米、粽叶各一大盆，放置脚边，一边聊天，一边手法娴熟地三两下便裹好一个，置另一大盆中待煮，情景宛然。只有这时，食物的美好才真实可感，沛然不可御。

现代社会的特征之一是人与物的流动性增加，交流也变频繁，各种食物随着移民和商业传播，君不见如今全国各地的人都不那么抗拒麻辣味，一小半便是托重庆火锅八方开店之赐。至于粽子，嘉兴五芳斋肉粽也具有类似的传播效应，南北一家亲，何分甜与咸。

说到南北亲,二十世纪六十年代,香港电懋公司就曾拍摄了一系列"南北电影",叫好卖座。最近读宋以朗所著《宋家客厅:从钱锺书到张爱玲》,本拟做闲书看,读着读着却郑重其事起来,盖因其中真有现代文学史的重要材料。宋氏家世清贵,作者父亲宋淇,与张爱玲、钱锺书、傅雷、吴兴华、夏志清等皆有交游,尤其所存大批信笺,弥足珍贵。作者另一个身份,为"祖师奶奶"张爱玲身后法定的文学遗产执行人,他现身说法,匡正了许多关于张氏的讹传,其文字超过全书三分之一篇幅,虽亦属一家之言,但交情至此,比别人的转述、传闻还是可信些。比如,作者讲到当年张爱玲为电懋编写剧本的一节掌故:

> 故事脱胎自英国话剧《真假姑母》,粤语谐星梁醒波主演。里面因为南北文化不同,出现反串、误会、博懵(粤语,意为占小便宜)、谎言……电影公司见当时《南北和》《南北一家亲》卖座,便索性将《真假姑母》易名为《南北喜相逢》。

须知,"南北系列"肇始自宋淇一九六一年编剧的《南北和》,彼时香港正处在本地土著与南下人士的冲突、融合期,南北隔阂与交融是时代脉搏,不好仅仅只当作普通喜剧博人一笑视之。

说过了,这隔阂与交融之中一定有关于食物的故事,也是最近读到的叶灵凤《香港方物志》,就写到各地年糕所蒸制的形色和原料不同,而"香港人不大喜欢糯米,因此过年所蒸的年糕,无论甜咸,一定是粳米粉为主"。只是,香港毕竟五方杂处,各式各样的年糕仍然到处有售。只是不知嫌弃糯米的香港人是不是对粽子也鲜少兴趣,这且搁下不表。

前面提到的金庸,祖籍是浙江海宁,隶属嘉兴。看他小说里写得津津有味,想必还是放不下家乡的肉粽。而曾流寓香港的张爱玲是上海人,也应该爱吃,因她在《私语》一文里自陈:"八岁我要梳爱司头,十岁我要穿高跟鞋,十六岁我可以吃粽子汤团,吃一切难以消化的东西。"

而且我推测,张爱玲大概还更热爱白粽子些,她二十四岁时所写的短篇《留情》里有过这样的比喻,说出身"上海数一数二有历史的大商家,十六岁出嫁,二十三岁上死了丈夫,守了十多年的寡方才嫁了米先生"的敦凤,"包在一层层衣服里的她的白胖的身体,实喺喺地像个清水粽子"。

简直妙绝。不过贵阳人不裹枕头粽,三角粽小巧精致,白归白,不会胖。

脆哨、油渣不同，唯黔人能辨

先讲两个身边朋友的故事。

自称过气节目主持人的贾兄，尚余残帅，老贵阳，资深吃货。某日来我家喝茶，谈到家常必备，掰着指头口水滴答地数："猪油、葱花，还有脆哨。有这三样，配上好的油辣椒，随时随地都能煮出一碗好面条。"

再有一位，好友欧生，虔诚向善，日以抄经为课，茹素已整整三年。某日路过菜场，闻到扑鼻的炒脆哨香，再也把持不住，买了半斤回家，一气干掉，重归我们普通杂食动物的怀抱。至少对我来说，从此见面压力小多了,喝酒吃肉,饮茶解腻,岂不快哉？

脆哨是个贵州特有的食物。得强调一下，脆哨和油渣不同，后者是熬制猪油的副产品，相对而言要偏肥些，小时候的记忆，妈妈制好油，得油渣一小碗，略放些白糖，必须趁热赶紧吃，又烫又腻，双重的刺激，但嚼在嘴中满足无比。现在已是中年油腻大叔的年纪，吃是不敢吃了，就连想想看都觉得是罪过。脆哨不然，炒制过程中产生的油才是副产品，取槽头肉、五花肉或精瘦肉皆可，味道各有不同，视乎喜好而定，选料、做法不同，价格也有差异，脆哨之外，还有软哨，但少见自家做的，多购自店铺，且稍大一点的菜市场都有得卖，名声在外的铺子也不少，讲究的家庭，不惜专程去买。

哨字其实是别字，本字当作"臊"，肉字边，猜想当年的小商贩文化程度低，贵州话又不分平翘舌，哨与臊读音一样，却常见而简单，以讹传讹，也就沿袭至今。北方人也用此字，记得西安便有臊子面，不过只是猪肉做成浇头，跟脆哨大异其趣。

哨子配面条、米粉，固是绝配，吃法还远不止于此，贵州人炒饭，加一把脆哨，口感顿时丰富，异常出彩。且脆哨和软哨可以入菜，做法也多样，譬如最简单的土豆泥，也可加入哨子，增加层次，且时机要对，不能早放，哨子要稍微偏瘦些，保留一点脆劲，吃起来才安逸。至于软哨，还可以炒青椒、西红柿，甚至直接当菜吃，不假他物，照样下饭。尤其是贵州人的鱼鳅辣椒，择整个的肥厚青椒，先用火烧过，剥掉外皮，炒时记得要加少许甜酱，搭以软哨，不需其他菜，就能下两大碗白米饭。汤的话，配一碗素瓜豆或者素菜薹好了。

贵州馆子里，脆哨还可以做拼盘用，土豆片、花生、阴辣椒以滚油炸过，搭配脆哨，满满地装作一大盘，下酒最宜，贵阳河滨公园内有一家名为茶室，其实主要卖家常菜的餐馆，临河依林，清净好味。他们家的拼盘不用脆哨而用油渣，偏于瘦，略下盐，保留了猪肉本身的味道，吃起来满嘴香，问了老板，果然是自家特制。

脆哨甚至会成为粉面店的招牌，毕节有家著名的康家脆哨面就是例证。一家好几个兄弟姐妹，大概分家后各自经营，分别开店，其中就有落户贵阳者，他们家的特点有二：一是鸡蛋细面系特制，煮熟后拿竹篓子捞起，奋力甩干，不留一滴水，盛入碗中，加酱油、醋、葱花、细辣椒面、热油，最后也是最重要的，一勺脆哨……这也就是二。

须知，康家脆哨全系自制，我偶尔见老板以大釜炒之，热气腾腾，满头大汗，肉需瘦，且炒到半截，还得将偏大粒的改小，要知道，其不同之处也正在于此，与市场所售比较，康家的脆哨只有其三分之一大小，吃起来方足够脆、足够香。碰到老主顾，施舍式的卖半斤给你，就算是非常给面子了，记得十年前便要差不多百元，成本和人工摆在那，我得说，回家就算空口吃着玩，也觉得值这个价。

末了再讲一个老友的故事，萧君经营红酒庄多年，时不时会在店里搞种种洋盘的活动，下酒菜无外乎各色奶酪、坚果、西式火腿之类。某晚携酒来家，我实在找不出合适的配搭，舀出一小碗康家脆哨待客，此君吃毕惊呼，认为这才是世界上最适合配红酒的东西。

鄙人不懂，唯一知道的事情是，剩下大半斤脆哨为他席卷而去，也不知道拿回家是下了酒还是下了面……唯一可以肯定的，是下了他的肚……

糟辣椒捧一切

我父亲有个说法:"任何东西,只要拿糟辣椒炒,就没有不好吃的道理。"

话说得也许稍嫌绝对,但却绝对能代表很多贵州人的心声。

最近看到网上流传的视频,叫作"于谦于大爷捧哏捧一切系列",网友有才,剪辑后逗得不得了,于是想起糟辣椒来,在贵州人的调味体系中,几乎也可以说——糟辣椒捧一切。

糟辣椒在本地是个居家必备的调味料,家家户户,冰箱里都有一罐。不过,据我猜想,多半也都购自菜场或者超市,少有自制的了。而在我们小时,立秋之后,辣椒成熟,正是最好的时节,选饱满肉头厚实的红辣椒,买回家拣好去柄,洗净控干,掺入适量的生姜、仔姜、大蒜等,置入一个巨大的木盆,以特制的大宰刀剁碎,加盐和白酒,用木勺子舀进土坛子里,盖好盖,在旁边的水槽中注入清水隔离外界空气,放置一段时间即可。而其中非常重要的一点,是制作过程中绝不能沾到半点油腥,否则一旦生花,便前功尽弃。

此外,泡糟辣椒,里面的仔姜也很重要,腌制入味后,炒菜时可以切丝添入，风味更甚。直接捞出来佐粥，略带辛辣味，但爽脆开胃，堪称隽物。

很多贵州小孩，第一次自己做饭吃，大概都是蛋炒饭，而必不可少的一味佐料，就是糟辣椒。炒至快起锅前，不须放盐，舀一大勺子糟辣椒，三铲两铲炒匀，立马一股子酸辣鲜香的味道直扑入鼻，勾起食欲，再配上一碗素瓜豆或者素菜薹，连尽三碗，不在话下。

贵州菜中，以糟辣为特色的不少，甚至夸张一点说，就没有不能用糟辣椒炒的，糟辣白菜、糟辣板筋、糟辣茄子、糟辣笋子、糟辣肉丝、糟辣鱼乃至人称"绝代双椒"的糟辣椒炒青辣椒……数不胜数，而且，无一例外的，都非常下饭。

在贵州人形形色色的辣椒制品中，糟辣椒以其特殊的酸味别具一格。而碰巧，贵州给人的印象，也往往与酸有关，最有名的，就是酸汤鱼。这是另外一个话题，暂且按下不表，说说酸，"酸甜苦辣咸"，古来即为五味之一，《礼记》里说，"和用醯"。

醯即醋，最迟在周代，中国人便掌握了酿造醋的技术，历史悠久。王公贵族、贩夫走卒，都缺不得这一味。都说山西人爱吃醋，其实中国各地并无区别，只是程度不同。何况，还有学者认为，酿醋费粮食，古时并非普通人可以享用，但难不倒勤劳聪明的中国人民，因为，酸味尽可自己制造，老百姓的办法多得很，譬如，以梅子等来调味，《尚书》载，"若作和羹，尔惟盐梅"。

而辣椒传入中国，一般的看法，是在明代，爱吃酸的贵州人，

应该很自然就能将两者结合,创造出美妙的滋味。据我不很广博的见闻,邻省如湖南、云南等,也有类似的辣椒制法,称为剁椒或泡椒,味道非常接近。

最为一般人熟悉的,大概就是湖南名菜剁椒鱼头,以极大的盘子盛之,吃完鱼肉,点一份白水煮的宽面条,捞到吃剩的余沥之中拌匀,面条浸足了汤汁,酸酸辣辣,叫人感慨,这才是真正的"鱼香"。

而我们贵州人吃面,提前取一点糟辣椒,跟苦蒜、肉末提前炒好,浇到煮好的面上,吃得一头汗,才叫安逸。

末了说说"糟",所谓"糟",也就是酿酒后剩余的渣滓。涉及烹饪,一般来说,带有这个字,多半都与酒或酒糟相关,听说过去讲究的人家砍糟辣椒,上街打酒,也要特别指明哪一家哪一款,差之毫厘,味道就相去甚远咯。或谓有人以喝剩的贵州茅台制糟辣椒,想必味道更胜。毕竟,在寻常百姓家,一年一度的糟辣椒制作,关系饭桌滋味,可不是一件小事。

关于猪油和冰粉的"回忆杀"

回忆中特别美好的东西,在很多时候也就是个美好甚至只是个美化了的回忆。

好些年前,家母告诉我,某天突然想起小时在街头小摊吃过的滑面,清爽可口,勾起食欲,正好原料齐备,便做了一碗尝尝——挂面下锅煮熟,捞到豆芽菜熬的清汤里,加酱油、辣椒以及一点点香油,最后撒上一把葱花——色香俱全,唯独味道实在太一般,几乎吃不下去。她的总结,早年间物质贫乏,油水少,有这么一碗面条吃吃,也就很满足了,如今衣食无忧,即使山珍海味,也属司空见惯,肚子里的馋虫早不是那么好伺候了。

窃以为是实情。大学时代,同学临时起意,周末跟我回家玩,事先也没法告知父母,到家才发现只能将就下碗面充饥,妈妈自然很露出些歉意来,同学倒非常体谅而懂事,怯生生倚在厨房门边说:"阿姨,没关系的,多放点猪油就行咯。"

那一幕,家母至今不忘,时不时还会提起,该同学现在贵州某县为官一方,政声颇佳,相信他还保留着年少时的朴质和诚恳,不知还记不记得当年故事,更不晓得,是不是偶尔还会自己煮碗多加猪油的面条忆旧。

往事堪忆,正好入夏,讲讲冰粉。年轻一辈未必知道此物,八九十年代,好多吃食都得自家动手加工。而冰粉籽不知何物也,儿时见大人制作,取纱布包之,置凉开水中,双手揉之良久,搓出的汁水,暂放一旁,候其凝固。同时准备好芝麻、花生、葵花籽和各色果脯,调制红糖水一大钵,吃时再加入少许玫瑰糖,的是解暑、消渴恩物也。

社会进步的结果之一是分工细化,什么东西有人需要,便有人生产,并且销售。于是这一类家制食品,似乎也就失传了。

花溪青岩镇,就有几家冰粉做得颇佳。比较特殊的是黑冰粉,据说是冰粉籽的品种不同所致。吃在嘴里,倒区别不大。贵阳饮食,往往偏辣,冰粉佐之,恰可中和,所以经营火锅、烤肉、丝娃娃、烙锅、烫菜等摊位,多半都会兼营冰粉,要不然,就会有小贩挨在旁边叫卖,仿佛唇齿相依。

冰粉其实没啥奇异之处,说白了,植物胶质耳,本身并无特殊滋味,滑腻腻地吞下去,再加上一大勺子色泽可疑、滋味堪忧的果脯,偶尔怀念,恐怕未必全是因为美食本身。

换言之,存留在舌头上的很多滋味,往往跟某一年龄阶段的记忆相掺杂,我写美食专栏有年,记得有个朋友留言说:"大半夜的,看得流口水了。其实很多美味都留存在想象里和记忆里,真的见到反而不想吃了。"我甚至认为,心欠欠是最好的状态,记忆和想象会不自觉地帮你美化那些曾经的饮食,让你误以为新不如旧，今不如昔。

所以说，吃这回事，从来就不是单纯的味觉感受。

与冰粉相类似的贵阳冷饮，我更中意冰浆。二十多年前，就读贵州大学时，街上有家小保冰浆，就在王记、飞碗牛肉粉的边上，名气超响亮。量多料足，且可以不同口味，自由组合，一年四季，只要荷包不太羞涩，时不时就会去弄一杯过瘾。这是属于青春岁月的往事，前几年大学同学聚会，好些人都提议故地重游品旧味。可惜，当年风物犹依稀，但也只不过略食数口，心还热，胃已受不了凉。更过分的是，老板明确说，如今只卖单品，不允许拼配，美好回忆，就此烟消云散。

每想饮食究竟有何魅力，能让人情深如斯，系念一生。

古人早说过，饮食男女，人之大欲存焉。读到的好些饮食文字，也都写得情爱纠缠，欲罢不能。这到底是何种力量所致，窃以为，饮食无非亲情和乡思，舍此无他。

何以取暖，唯有火锅

节气小雪过后，阴雨不断，温度渐低，天气算是比较稳定地冷下来了。而贵州人过冬，离不开一个沉着、贴心的老朋友——铁炉子。

烧煤生炉子固然是陈年往事了，不安全、不卫生，带来很多环保问题，如困扰贵阳多年的酸雨，据说其污染源主要就是烧煤。如今，炉子在城市里早已绝迹，我曾在一篇旧文中写道：

> 说起来，入冬的妙处之一，便在于围着炉子可做不少事。可供回忆者正多，吃火锅不过是其中一桩。犹记幼时，天气渐寒，周末得空，将闲置了大半年的铁炉子安放好，取暖煮食，便都是它了。贵州人喜食糍粑，消夜时，切几块拿火钳架在炉子上，受热后，等它一点点膨胀起来时，也就烤熟了，烫得拿不住，小朋友称之为"壮猪儿"，形象无比。炉灰塘则适合洋芋或者红薯待着，提前几个小时放进去，用其余热慢慢煨熟，剥开皮来，又面又香，多少年没有吃到了。我母亲还喜欢煮一点茴香豆，抓一小把，炕在炉子上，一边看书一边拣来

吃，多枯燥无味的课本也能就着读下去。

....

不烧铁炉子几二十年矣，许多乐趣，因此随之失去。我的朋友付丹兄，聪颖肯动手，发明他的自家品牌"富巨"电炉，据说如今是贵州第一大生产商，方便清洁，多少弥补缺憾。记得某次在他家吃青菜牛肉火锅，客人太多，他不慌不忙，搬出好几个电炉子排起来，得意洋洋，"一代二代三代……产品，都在这里，还怕不够坐不成"。

炉子的最佳用途，除了围坐取暖之外，便是火锅。而典型的贵阳式家庭火锅做法，异常简单火爆——肥肉先下锅，煸炒出油，加入适量的糍粑辣椒、蒜头、姜片，炒至出香，就可以开煮了。特点是水不能多，辣椒、蒜苗和油要充足，近于干煸那样子，配上各家自制的特色蘸水，吃下来保管你眼泪、鼻涕、汗水齐飞，不痛快不罢休。

某次，鄙人供职的贵阳孔学堂文化传播中心请来中国气象局首席专家、央视天气预报首位主播宋英杰做客孔学堂，以"关于二十四个节气的二十四个问题"为主题开讲，晚上请他便餐，就是一味酸菜肉圆子火锅。宋先生一边吃，一边点评，说是节气与食物息息相关。完全同意，立马下锅一把豌豆尖，稍煮即夹起请客尝，不单是因其应季而已，此物娇嫩，不堪久煮，旋烫旋食，方可保留其鲜甜滋味。一顿饭吃下来，宾主尽欢，鄙以为，至少有一小半，是这热腾腾的火锅建功，君不闻，食界老前辈汪朗先生，也即是名作家汪曾祺的公子，其文章《杂涮火锅》中有警句云："火锅之中各种成分难分高低贵贱，大家同在一锅，只有和衷共济，各展所长，方能最终造就美味。"

最近还吃过一顿好火锅，是某天老肖带了几位同事来我单位办事，临近午饭时间，他老兄咽下一口馋涎，正色语我曰："今天不吃你们食堂，既然来花溪，必须去整一顿雨田辣子鸡。"

早雨未歇，似乎还有越下越大的趋势，但已经动念，便压不下馋虫，五个人一台车，十几分钟便到。这家辣子鸡名气不小，离我工作单位也不远，久闻其名，硬是这次才有机会一尝其味。

店门不大，进去却便有洞天，一个小院子里，环布着大大小小不少包房。主题很鲜明，就只卖辣子鸡，另可配猪大肠和猪肚，论斤算钱。老肖豪爽，直接点了整只，据说皆大公鸡，上午宰杀清洗完毕待售，客人点单，现砍现做。

等不多久，一大锅加了肥肠的辣子鸡便端上桌子，开火边煮边吃。筷子伸进去，搅出一个大鸡冠子，光瞅这个，就知道鸡不会小，肥实着呢。搞不懂店家有何诀窍，时间不长，鸡肉却已软糯入味，不同于一般菜场炒鸡重油、重味，导致肉质易紧，接近干锅鸡。雨田的鸡，汤多肉嫩，的确是火锅的做法。

不过，我跟老肖两个，都是肥肠的深度爱好者，筷子到处，多捞肠而少拣鸡，简直乐不可支，甚至吃到一半，忍不住又加了半斤。对了，当天我们还点了一份鸡血旺煮青菜，本没有多少期待，吃到最后，辣度渐渐上来，这才舀一碗尝尝，居然颇为惊艳，怎么说？旺子嫩，青菜鲜，清淡却可口，跟浓郁麻辣的辣子鸡同食，堪称绝配。

一顿美食下肚，满心都是对生活的热爱。俗世人间，不该辜负的东西不少，美食也是其中重要的一件。

某年冬天，敝单位还推出了一个带着暖意的"微孝行动"，我在倡议书中写道：

>所谓"微孝"，是常回家看看，陪父母围炉聊天；
>
>所谓"微孝"，是时时惦记着，跟父母嘘寒问暖；
>
>所谓"微孝"，是几世同堂，与父母共享天伦之乐；
>
>所谓"微孝"，是忙中偷闲，带父母外出走走看看；
>
>所谓"微孝"，是心中牵挂，帮父母实现一点小小的愿望；
>
>所谓"微孝"，是珍惜岁月，感恩与父母共度的每一段时光……
>
>孝孙有庆，报以介福。希望我们的倡议，能引起您的共鸣。

看见没有，排在头里的就是陪爸爸妈妈"围炉聊天"，要是能吃上一顿火锅，那就更好。

中年"油腻",菜薹可解

科技进步的结果之一,是蔬菜不那么有季节性了,大棚种植,几乎随时可得。但好像也有例外,比如,冬天里的白菜薹和红油菜薹。

我不大明白其中的科学道理,但的确每年总得立冬以后,天气渐寒,才能慢慢吃到菜薹,猜想可能还是有些技术难题未能攻克,导致"破季"不成。

话说在中国的传统农业社会,讲究时令,不同季节,有不同的吃食。吃什么,不吃什么,多少都有些说道。不要误解,不是要谈药膳煨汤之类冬令进补的法门,前面所说的白菜薹和红油菜薹,只是一点平常老百姓的小小乐趣,且非贵州本地土著,大概也难以引起共鸣。

白菜薹可炒可煮,甘甜清香,无可比拟。煮则素煮最宜,特别地值得一说,每到冬季,贵阳的普通家庭,这个菜差不多天天吃。白水煮熟,什么都不用加,直接上桌,了不起配个水豆豉、糊辣椒蘸水,分分钟抢干净。记得幼时不爱吃蔬菜,好些长辈为了哄孩子,便把剥净煮熟后白生生的菜薹杆呼作"烟杆斗",勾

起好奇心，于是也就一根接一根，吃得不亦乐乎了。

就算是酒桌上，耳热面红之时，端上一大钵白菜薹来，几乎人人喝彩，须臾便罄，素汤都喝干，再添一份，也是常事。

白菜薹炒食亦佳，常见的做法是油温上来后，先爆筒筒辣椒和拍好的大蒜，出香后，菜薹下锅快炒，略加盐即可，保存其鲜甜原味。简单易得，百吃不厌。

红油菜薹的做法类似，但一般不用清炒，而是糖醋。同样的先得爆香辣椒和蒜，炒时加酱油、香醋以及一小勺糖，焖片刻起锅，足矣。红油菜薹稍带清苦，然苦中还有甜，糖醋激发之下，倍加地甜，非常下饭。不夸张地说，到了冬天红油菜薹上市，我可以天天吃而不腻。

说起炒蔬菜，贵州人有个特别的炒法，是在里面加水豆豉。红油菜薹好像少见这种做法，但白菜薹却适宜，水豆豉有种豆类发酵之后产生的特殊异味，爱者推崇，不爱者敬而远之，但我得说，真是太好吃。而跟水豆豉更搭调的蔬菜还不是白菜薹，是茼蒿菜。茼蒿属菊科植物，据说有蒿气，没法形容，总之是有其他菜无之的一种气味，偏偏就能和水豆豉的异味极度相容，炒熟之后融为一体，互相帮衬，难分彼此，鄙人见闻未广，好像在外地还极少看到这种吃法。

不过，贵州人最擅长且独具的蔬菜烹饪方式还是素煮，白菜薹、莲花白、小南瓜、棒豆之外，还有萝卜亦非常适合。冬天的萝卜甜而脆，北方人择其佳者，削皮之后切片、切块，直接当水果吃，清人吴其濬在《植物名实图考》一书中写道："萝卜，天下皆有佳品，而独宜燕蓟。风飚撼壁，围炉永夜，煤焰烛窗，口鼻皀黑。忽闻门外有卖萝卜赛如梨者，无论贫富髦稚，奔走购之，唯恐其过街越巷也。琼瑶一片，嚼如冰雪，齿鸣未已，众热俱平，当此时何异醍醐灌顶？都门市谚有冷官热做、热官冷做之语。余谓畏寒而火，火盛思寒，一时之间，气候不同。而调剂适宜，则冷而热，热而冷，如环无端。亦唯自解其妙而已。"

贵阳人也将其白煮了上桌，一样清甜去火。再有一个羊角菜，四川人唤作儿菜，就是拿来做榨菜的那种原材料，素煮了吃，往往也是一钵打不住。捞净干货，剩余的清汤一般也都分食干净，清肠去腻，莫过于此。

偶然读到民国教育家经亨颐先生的《颐渊诗集》，其《梦白蔬菜》一首说："冰雪丛中蔬菜香，消寒珍重付厨娘：只须清水存真味，莫入浓肴杂酒浆。"翻译一下，寒冻之际，经先生让家里的厨娘烹煮白菜，特地交代，白煮即可，不要添入他味，以存其真。

此老可谓懂得饮食真谛。

所谓山珍海味谁也抗不住天天吃，反倒是粗茶淡饭不易厌倦，道理就在于这里。对我们这种走在"油腻中年"边缘年纪的"怪蜀黍"来说，多食素煮蔬菜，倒有可能是一味有效的解药。

"家的味道"红烧肉

春节将至,有媒体约稿,说是让写写"家的味道",甚或介绍一两道自家的拿手菜,编辑的指挥棒挥舞之下,不能不遵。但内心也不无惴惴,莫非你们是怀疑我这个美食专栏的作者不会做饭弄菜?特地出个题目考考看?

很难辩白,毕竟,无论写得如何天花乱坠,也难免"天桥的把式只说不练"的嫌疑。现如今这个时代,不要说口说无凭,就算拍了视频上传,也未必当得准。

譬如,这几年有个莳花弄草、劈柴烧火的网红李子柒,一度颇惹物议,趋于两极。赞美者有之,谓其姿态出尘,代表了中国文化里田园牧歌生活的美好;痛诋者有之,挑出若干漏洞,斥其矫揉造作,本质上是滤镜加持的精致商业消费品。

孰是孰非,实难断言,姑置不论。想说的意思无非是,那些东西原本就是给你看的,说白了是接近真人秀性质的广告,信之近执,忿之近迂,付诸一笑,正其宜也。

言归正传。迩来猪肉价昂,但是不吃似乎也不得行,民间有谚语说:"百菜不如白菜好,诸肉不如猪肉香。"而且据说,公元前数千年的新石器时代,中国人的主要肉食中就包含了猪,历史不短,要知道,中国字里的"家",下面的"豕",就是个象形的猪。繁体的猪字,偏旁也不是"犭",而是"豕",简化得毫无道理。猪和狗怎么能混为一谈呢?

美国学者尤金·N.安德森著《中国食物》一书也说:"猪在中国是压倒性的主要肉食来源,其重要性比其他所有陆地动物都大。它是富人的日常肉食,穷人的节庆膳食,油和工业产品的来源,生活中不可缺少的东西。"

没得说,猪当然扛得住安德森的无限赞美。须知,人类历史上,最早驯化的十四种大型哺乳动物中,猪占据了非常重要的一个席位。美国学者贾雷德·戴蒙德在他那本著名的《枪炮、病菌与钢铁——人类社会的命运》一书中明确地说,猪的驯化,发生在公元前八〇〇〇年左右的中国和西南亚。

而中国人烹饪猪肉的历史也一样悠久和丰富,其中一位重要的倡导者即伟大的苏东坡,虽说在他的时代,羊肉的地位要超过猪肉不少。奇怪的是,坡翁分明是贬谪黄州时跟猪肉结缘,到头来却是杭州的"东坡肉"名气更大,而其做法,按照他自己的颂文来看,也是在黄州操练成熟的,"净洗铛,少著水,柴头罨烟焰不起。待他自熟莫催他,火候足时他自美。黄州好猪肉,价贱如泥土。贵者不肯吃,贫者不解煮,早晨起来打两碗,饱得自家君莫管"。

我家烧猪肉,大抵也遵循坡翁之法,跟贵阳做法大不一样。

本地红烧肉的风格,是带皮五花肉过水后,改切小块,还要再过一道油,待其稍稍收缩,且调味要用各种大料及干辣椒,味道虽美,吃起来总嫌其不够丰腴,我还是更偏爱自家的口味,前些年曾有打油诗写道:

> 忆昔少儿时,馋肉馋到哭。
>
> 吾家传烹法,红烧犹馥郁;
>
> 肉须择五花,文火慢煨熟;
>
> 大料全不搁,生姜加酒曲。
>
> 鲜笋增甘甜,干笋如大叔;
>
> 梅菜更相宜,凝滋可佐粥。
>
> 最妙"腌炖鲜",蹄髈与咸肉;
>
> 去腻存肥腴,绝配则莱菔;
>
> 砂锅小火炉,待沸不废读。
>
> 汤作乳白竟黏箸,佛若闻之跳墙逐。
>
> 食肉者鄙早知之,埋沉形骸劳案牍。
>
> 何耐口中鸟淡出,箪食瓢饮啎我腹。
>
> 黄州通判得我心,肉贱不愁减俸禄:
>
> 打得两碗来,不须居有竹。
>
> 我自快朵颐,饱食即口福。

红烧肉的烧法,诗里已经交代得很清楚了,另外需要注释几句的是,所谓"腌炖鲜"者,是浙江宁波炖菜之一种也,以咸肉或上好火腿骨,辅以蹄髈煨汤,加一块拍好的生姜足矣,也得文火慢慢来，两三个小时不嫌其长，加入笋子，干鲜皆宜，其味悠长。如无，有个我钟爱的蔬菜可加，即莴笋，可增清鲜。算算季节，冬笋上市就在眼下，诸君读得食指大动时，何妨一试，一口浓汤下肚，黏住嘴巴，便知我不只是在笔下逞能。

"豆"是这个味

曾有文章写到红烧肉,有位从贵州调到安徽工作多年的大学时代恩师读完后,在微信上留言:"再配一个酸菜豆米,一个黄豆芽煮水豆花,足矣!不能再写了,口水快滴下来了……"

我的答复很残酷:"擦擦……"

当然是跟老师开玩笑,他每年夏天都回贵阳,我请饭,保证一定有这两味菜。话说后一个黄豆芽煮水豆花或者尚能在外地仿制,酸菜豆米却极具地方特色,似乎非得这方水土不可。

说起来,鄙人学会的第一道家常菜,还就是酸菜豆米。原材料简单,据我所知,至少是在贵阳的任何一处菜场都能买到。

这道菜可炒可烩,简便易行,炒食时,多加辣椒、大蒜,先用热油爆香,再下酸菜和豆米、蒜苗,口味便偏重些,如有油渣,略放少许,更增风味;烩食则多要些豆米汤汁,煮成一锅,最好拿勺子将豆米稍稍压碎一些,汤便浓稠,添些西红柿,愿意增加荤腥,也可以掺进肉末或者脆哨,甚至肉丸子,煮得嘟嘟冒泡,盛在大碗里上桌,直接舀来泡饭吃,不用其他菜,便可痛痛快快吞下两大碗。

河滨公园内,有家不久前刚刚歇业的家常馆子河滨茶室,拿豆米汤煮火锅,其诀窍是与烧得软熟、接近罐头那种程度的红烧肉同炖,蔬菜、豆腐等火锅菜随意拼配,好吃到爆。

曾经有朋友在家宴客,苦于不会做菜,我传授此术,甚至连红烧肉都不用自己烧,到超市买上海梅林牌的红烧肉和午餐肉罐头,也能调出绝世好味。再搭配几味荤素、凉菜,炸个花生米,这便齐活。据说一桌人皆吃出毛毛汗,叫好不迭。

又有酸菜豆米,又有红烧肉,而且还相得益彰,恩师读到这里,估计更是馋涎止不住了。

君如不信,何妨一试。

贵阳人吃的豆米汤分四季豆和小豆两种,四季豆熬煮出来的口味浓郁,宜与酸菜相配,而小豆则略清淡些,一般用大白菜或者小白菜切碎同煮,风味各有千秋,为佐餐恩物则一。

讲到豆之一物,豆即菽,菽即大豆,《广雅疏证》里辨析得清清楚楚:"《吕氏春秋·审时篇》云:大菽则圆,小菽则抟以芳。是大小豆皆名菽也。但小豆别名为荅,而大豆乃名为菽,故菽之称专在大豆矣。"为吾国古已有之。

古人拿豆制酱,用以调味,《齐民要术》里有详细的记载,读起来还能叫人吞口水,不具引,发展到最精细的产品,就是酱油,有助于中国烹饪进步之功也大矣哉。

酱油发明前,酱里还保留有成型或不那么成型的豆的形状,严格说都是豆瓣酱,到现在仍广受欢迎,举个例子,贵阳人熟悉的，为四川豆瓣酱，炒菜或者制辣椒油时常会用到。

还有一个贵州人偏嗜的豆制调味品，是豆豉，分水豆豉和干豆豉两种。我向来吃不惯水豆豉，可能是不能接受它黏糊糊的口感和观感，让人有不适的联想，唯独用来炒白菜薹或茼蒿菜，便可尽释前嫌，筷子下如飞，奇哉。干豆豉则加筒筒辣椒炒回锅肉或者脆哨，肉吃完，剩下的干豆豉混嘴巴，有滋味又有嚼劲，据说亦是下酒的绝配。

某次老友杜彦之约饭，在黔灵西路上一处酒店内，毕节大方菜，颇家常，吃下来不算特别惊艳，但可口有余。尤其两个豆腐菜，一大钵标准的莲渣闹，一盘青椒炒臭豆腐，为众人所激赏。

大方豆腐有名，据说因其当地所产黄豆品质上佳，兼有好水，发展出品类繁多的豆腐制品，莲渣闹只是其中一种。所谓"莲渣闹"，其实就是菜豆腐，据我粗略的观察，贵阳人做菜豆腐，是菜少豆腐多，而莲渣闹似乎反过来，菜多豆腐少。其制法大体相近，白菜洗净掰为小段，豆浆煮开后注入其上，点卤的同时不断搅拌，使豆花凝结其上。至于吃法，则可荤可素，任君选择。

最简单的，做一碗油辣椒蘸水，如有肉末加入稍微炒制更妙，趁热蘸食，即可配饭。爱吃肉的朋友则不妨做些肉丸子与莲渣闹同煮，还是蘸油辣椒，便是一道荤素完美搭配的主菜。

到毕节方向出差，莲渣闹火锅店几乎随处可觅，我的经验是，找不到特别合适的吃食，选莲渣闹一准没错。老友高爷读到我的文章，发问曰："'莲渣闹'这个名字，是个什么典故？"微一沉吟，答曰："我猜就是连着豆腐渣一起捞来吃的意思。"虽是半开玩笑的说法，细想似也不无道理。

大方还有一味好吃的豆制品，即豆棒，为豆油皮卷成烤干，呈金黄色，鄙人最喜欢的，是切段后与红烧肉同煮，入味但又保持了豆腐的香气，亦为当地人时常夸耀的特产。

近年来大方还出产一种糍粑豆腐，做法颇复杂，臭豆腐烙过之后划一小口，塞入秘制馅料，再将豆腐裹进现舂的糯米糍粑之中，捏成型即可。吃时可烤、可炸、可烙，几重风味，接踵而至。唯不耐久藏，一时吃不完，得放入冰箱冷冻。

而大方人最重要的一味调料是豆豉粑，记得那天吃大方菜，用来蘸食莲渣闹的便是豆豉粑特制的蘸水，连加两次，还意犹未尽，后来老板索性满满装了一大碗来，任客人自己添加。所谓豆豉粑，也是一个豆制品，大豆以清水浸泡后再行蒸制，置竹筐中发酵。待其成熟，加食盐一起捣细，二度发酵后取出，捏成长方形的小块晾晒，抹以菜油，直至成为一块内在紧实、外表光洁、色泽褐亮的完美豆豉粑。

大方人做菜，几乎不能离此物。我母亲大学毕业后曾在织金工作过几年，当地也嗜食豆豉粑。后调动工作到瓮安。幼时家里的厨房里便有一块陈年豆豉粑，记忆中一直在窗台上静置，颜色都已发黑，不知何故，从来无人过问，直到一九八四年我们举家调回贵阳，这块豆豉粑才不见影踪，但我也始终不知到底是个什么味道。

十来年前，我因工作之故，频繁到毕节方向出差，这才逐渐体会到豆豉粑的妙处，可惜吃归吃，了解不多，甚至连如何运用到具体的调味也知之甚少，下定决心，要跟大方的朋友讨教讨教，加入自己家的菜单上面去。碰巧单位有位织金籍的同事，据他说，切下一小片放入酸汤研开，即得一碗略带黏稠的液体，按照各家的风味加入辣椒等物，调为蘸水即可。

另一种做法则先在热锅里放少许油，至八成热，下切碎的豆豉粑，以锅铲碾之，务使其与油充分融合，然后加入油辣椒炒至出香即得。听起来似乎并不复杂，打定主意，什么时候试一盘。

晚上倚案吃茶消食，忽见杜兄微信说："离我家不远，有书店，旁边的豆干火锅是常去的地方。书店不得已要搬家，还好豆干火锅还在。每来人约吃饭，我都推荐去吃豆干。几十块钱的砂锅，用豆豉油渣、糍粑辣椒炼好，煮鲜肉、酥肉，重点是六龙豆干，油重味浓，可以下两碗米饭。朋友在黔灵西路开了家馆子，将大方菜搬过来的不只是原材料和厨师，还有点自己的小考量，除了豆干，大方还有宫保肉、绣球蹄筋、老奶洋芋、三鲜汤、糟辣脆皮鱼、苞谷渣稀饭。按之江的说法，不是惊艳，但一定可口送饭。店在黔灵西路，下地铁喷水池 A 出口就到，要广而告之。不点菜，是按人均消费给你配单，一个人不到五十，很值。写到这，不由口水，回贵阳少不得要再去一次。看看，这次叫上谁一道？"

叫谁一道？必须还有我。

另外一位比较庸俗的朋友，则在微信上留言说："大方豆豉粑要跟大方美女搭配。我在大方乡下扶贫，村姑做豆豉火锅，仅有豆腐、肥肉片、青菜叶，香飘十里，我熬不住去讨吃了几回。"读得我，哈哈哈。

豆更伟大的用途，当然还是前面说的做豆腐，为历史上缺乏肉食的中国人提供了必不可少的蛋白质、氨基酸。

善哉，豆之为用也大矣，拙笔挂一漏万，遗珠难免，且听下回分解吧。

杜门在家学做饭

事非经过不知难。

这是大实话,即使只是料理一日三餐这样的小事,没有尝试且坚持一个月以上,你真不知道这绝非易事。

庚子年春节,一场突如其来的新冠疫情,扰乱了几乎所有中国人的过年计划。简单地说,大多数人响应号召,少出门,不聚会,勤洗手,多开窗,尽量减少外出接触到病毒的机会。

而民以食为天,宅在家中,吃饭毫无疑问成为最大的事情。

好在毕竟是过春节,早早还是屯了点东西备着。贵州人过年,几大碗的硬菜一般少不了——小米鲊、盐菜肉、夹沙肉、辣子鸡、八宝饭……热一热便能上桌。

只是宅的时间长了,问题开始慢慢出现,且不说食材新鲜与否,单是要做出点花样来,就非常不简单。尤其是还在春节假期里,一度有那么几天,菜场和超市里也没有太多选择,甚至,最夸张的一次,买一把菜薹,不过一斤多点,就花了十几元。当时还写了个打油诗说:

> 杜门谢客菸在手,街上汽车比人多。
> 尚有半筐蔫巴菜,糍粑辣椒下油锅。

"菸"即香烟。诗里所咏,皆为实情,也是原材料欠缺时的解决方案之一,至少对贵阳人来说,是个不坏的办法。做法不难,有肥肉或者偏肥一点的肉最好,放入热锅熬出油来,下糍粑辣椒、大蒜煸炒至出香,掺入少许开水,再加入各种调料以及蒜苗、肉类、豆制品、蔬菜之类,煮熟即可食,极其下饭。只是比较重口,不能吃辣的人可能受不了。

好在市场很快便恢复正常,我基本上三天左右出门采购一次,尽可能多买些,大包小包拎回家,甚至有时还得提前写好单子,以免遗漏。慢慢进入"家庭煮男"的角色后,越发觉得这不是个轻省的活,晚上睡觉前,会不由自主地在脑子里设想,家里有些什么食材,明天该做点什么,如何搭配比较合理且能照顾到妻女的口味,等到想得差不多清楚了,这才能安心入眠。

古人说"治大国若烹小鲜",历代注解不一,争讼纷纭,但其中的根本意思无非是拿治理国家和下厨做饭打比方。以前或有疑问,一个月将近百把顿饭做下来,感觉还真有些道理。即使是料理一家人的饭菜,也得有章法,有条理。

首先不能是无米之炊,多少要有些存货,且工具、食材大致要齐备;其次得统筹得宜,做一顿饭,事先规划搭配好菜品,拣洗切煮,还得有条不紊,事关效率和口感,马虎不得;第三要能随机应变,即使东西不大凑手,也能想出办法来对付,事实证明,拼拼凑凑，往往是常态；最末一条，得有点学习的精神，学会一两道新菜，做出来像模像样，成就感会增倍。

话说回来，看视频学做菜，特别容易勾起馋虫，譬如最近正在看的纪录片《沸腾吧火锅》，口水频吞之余，太怀念呼朋唤友、觥筹交错的日子。好在疫情逐渐缓解，街面上渐渐热闹起来。

朋友中号称被逼得厨艺大长的不在少数，不好说自己的水平有多好，自己跟自己比，有明显的进步，但每每在朋友圈看到高手的图片，还是自惭形秽，更加不敢声张，害怕影响到美食专栏作者的"人设"……存此立照，证明我不是"天桥的把式——只说不练"。

行文至此，该打住了。

最后得给妈妈道个歉，小时候，也曾因为面条不好吃，偷偷扔掉过，而且还不止一次。现在想想当真惭愧，所谓"事非经过不知难"，大约就是如此。

时候一过，便不再候

微信朋友圈里有位未尝谋面的四川自贡画家坡子吕三，笔下有拙味，满纸皆生活，且题画时有隽语，素来为我所喜。不久前看到他发微信说："几年前，我写过短文'家常'。奇珍异味，多吃令人厌，日食无厌的是米饭、面条，是萝卜、白菜，是葱、姜、蒜。我欣赏的好画，毋论路数与蹊径何异，所同者就是平常画来，都在生活，有如家常饭菜。那么，这个展览就叫'家常'。"

窃以为是参透人生妙谛的一段文字。

而与家常饭菜容易混淆的还有一个概念，即"家常菜馆"。一般来说，家常菜馆不过是以"家常菜"为招徕而已。盖因其始终是大锅快炒，重油浓酱，为多数普通老百姓家所不能办。然而我们还是很有默契地认定了一种专营家常菜的馆子，其特点大致如下：

首先当然不能贵，原材料皆普通，随便找个大点的菜场就能买得到；定价也要适中，得照顾中等收入以下的人群；上菜必须快，立等可吃，且翻台亦速，可以多做几单生意，所以不需要特别复杂的烹饪技巧，一些费时、费工的菜品，要不就放弃，要不

提前做好备上；本地老百姓家居经常会有的几味菜，绝对不能缺少，再简单、再没有技术含量也得做，否则便名不副实。

对于贵阳人而言，这些必不可少的菜品可略举数例，回锅肉、红烧小黄鱼、糟辣白菜、豆豉炒茼蒿、白菜豆腐汤、鱼鳅辣椒、宫爆板筋或肉丁、鸡丁……而在夏季，必不可少的还有提前煮好放凉的一大锅素瓜豆。

这种馆子多半不会太大，分布广泛而且便利，毕竟以工薪阶层为主要的消费对象，所以总是无比地贴近老百姓。菜谱大都类似，甚至索性直接看菜点单，任顾客搭配。

某次，敝单位主办的一个展览开幕，浙江省来了好几位重量级的书画家，中间有半天闲空，陪他们去喝茶、逛旧书店，耽搁久了些，临时改变计划，改在文昌路上一家小馆子午饭。六个人九菜一汤，风卷残云般一扫而空，速度快到司机因找停车位迟到了十分钟，便得重新加菜了。所费钞票不过两百来元，所费时间不过半小时，大家都满意。一位老师还颇感慨，盖因平时出差，总是机场到酒店到会场，几乎很少有走街串巷的机会，更不要说吃地道的本地口味。

完全同意。

我自己的经历亦然，而真要了解和亲近一个城市，你得从这些街巷饭桌上入手，否则都是皮毛。所以我每到一地，只要有可能，一定要去老城区居民集中的地段觅食，几乎没有失手、失望过。至于选择的技巧，非常简单，哪家人多进哪家好了。味道通常不会差，市场规律决定，老百姓用脚投票，质量、卫生、滋味不咋地的馆子，一准开不长。

另外一个办法，不妨按图索骥。差不多十年前去香港，带了一本蔡澜的美食专栏结集，既可消磨时光，也权作觅食指南用，他的文章中，颇有不少写到本地的家常小店，而且一概地附了地址、电话，有些时过境迁也许不存，但存活下来的也不在少数，逗留五天，居然找到两三家，吃下来都不错，此公靠谱的，不像传闻中只要请他吃，说说好话便不讲原则地都写进专栏。

最近正好在读日本作家池波正太郎的《食桌情景》，姿态很平民地讲美食，其中一文，题为《家常料理》。他写道："如果家里的主妇们都可以用心料理的话，人们就不会想要花钱去外面买那种像贴着浅草纸一样粗糙的海苔饭团或是那种一点味道都没有的味噌汤了……我要是一个人出去吃饭的话，一定会选那种以家里的火力、设备和技术无法做到的料理，例如炸猪排、中国的荞麦面、鳗鱼或是寿司这些东西。"

一读便知是懂食之人。但日本人不大能体会"炒"的精髓，居然轻易放过，不得不补充几句。

说得有道理，事实上，有些小馆子的出品，即使是火力设备技术更胜一筹甚或不止的大饭店也做不到，原因是，一盘炒菜，从厨房到餐桌的距离时间至关重要，超过五十米，那种生猛鲜跳的妙处尽失，此之谓火候，时候一过，便不再候。

不骗你，即使是名为家常菜馆的去处，所料理的"家常菜"，很多也有着鲜明的特色，家里做不到。单以前面提到贵州人爱吃的炒菜为例，单是灶火温度需高、舍得用油这两条，一般家庭就做不到，而你要知道，即使炒一份最简单的宫爆鸡丁、泡椒板筋，缺了这前提，味道总归要打点折扣。

曾在餐饮行业混迹多年的某朋友尝语我曰，有个调侃的说法，传统的八大菜系之外，还有两个菜系，一曰食堂大锅菜，一曰酒店融合菜。我倒觉得，真应该加上一个家常馆子菜，掌勺之人，未必真受过什么特别专业的培训，手艺皆从实践中来，以平头老百姓的口碑为准绳，虽是野路子，不该小看。

大好风物山中来

贵州菜"最佳伴侣"折耳根

折耳根不算是小吃,但却堪称贵州菜的最佳伴侣。屈指数来,一味折耳根,帮衬了多少美味。不写写它,心里多少有些过不去。

折耳根通常凉拌来吃,但也是贵阳人做蘸水时缺少不得的配料之一。豆腐果、豆腐圆子乃至洋芋粑、烫菜、糯米饭、烤馒头、油炸臭豆腐等等,莫不借助折耳根复杂其味道,丰富其咬口。

差不多可以这么说,折耳根演主角,一定是它的独角戏;不演主角,它照样抢戏。

一切都源于折耳根那独特的味道和口感。据我所知,大江南北,大约只有川、渝、黔三省市,对鱼腥草情有独钟。所不同者,川、渝食其叶,黔人粗鲁,吃其根。

话说折耳根名目甚多,今贵州人多用此名。只是据我所知,也有写作"侧耳根""择耳根""则尔根"乃至"猪鼻拱"者,而其古名,或当是"蕺"。

说是托某种流感之福或者不妥,反正这几年折耳根忽然间名声在外。起因是卫生部门推荐,谓其有防感冒之奇效也。只是,推广起来,可能甚有难度。这也还源于折耳根那独特的味道和口感。

正宗四川成都人流沙河，曾作《鱼腥草古名考》，文中说："此草生在沮洳（烂泥塘），所以古人名之为沮，加个草头，不过宜注明有异味，免致北人妄尝，作三日呕。"显然不妥。

不过，食折耳根"作三日呕"者，又岂止是北人哉。

自诩"什么都吃"的汪曾祺，当代大作家也，走南闯北，的确算是位口味庞杂的主。对贵州折耳根，居然也敬而远之。他写文章回忆说："有一个贵州的年轻女演员上我们剧团学戏，她的妈妈不远迢迢给她寄来一包东西，是'择耳根'，或名'则尔根'，即鱼腥草。她让我尝了几根。这是什么东西？苦，倒不要紧，它有一股强烈的生鱼腥味，实在招架不了。"

庚子秋，请来汪先生的子女汪朗、汪朝两位老师，做了一场纪念汪曾祺百年诞辰的活动，据汪朗先生说，后来北京也能买到折耳根，而自己时不时会买回家中，老头儿慢慢也吃习惯了，文章写得早，不能完全作数的。

而贵州人偏偏好这一口，居家宴客，无处不有。外地客来，我鼓励朋友勇敢尝试下，但绝不强人所难；出门在外，但凡新鲜玩意，概不排斥，至少试一次，接受不了是无福消受，绝不视为异端另类，打入别册。

也有例外，某次在贵阳陪名诗歌评论家谢冕先生吃饭，老先生八十六岁，健啖能侃，个子不高，肚子不小，走路生风，用戴冰的话说，"气爆力壮"。吃一样赞一样，从头赞到尾，甚至连折耳根也能吃，且欣赏其妙处，难得。

而汪先生虽曾经"招架不了"折耳根的味道,但他一向主张在饮食乃至文化上开放一点,少存偏见,不斥异端,这是个了不起的态度。

由是想起《笑林广记》中的两则故事,其一曰:"苏、杭人同席,杭人单吃枣子,而苏人单食橄榄。杭问苏曰:'橄榄有何好处,而兄爱吃他?'曰:'回味最佳。'杭人曰:'等得你回味好,我已甜过半日了。'"

其二曰:"北地产梨甚佳,北人至南,索梨食,不得。南人因进萝卜,曰:'此敝乡土产之梨也。'北人曰:'此物吃下,转气就臭,味又带辣,只该唤他做臭辣梨。'"

堪发一笑,细味其言,或不仅仅是笑话而已。

清人吴其濬著《植物名实图考》,也提到折耳根,凡二条,一列入蔬类,一列入隰草类。其一〇三条"蕺菜":"蕺菜,《别录》下品。即鱼腥草。开花如海棠,色白,中有长绿心突出,以其叶覆鱼,可不速馁。湖南夏时,煎水为饮以解暑。"其五八〇条"鱼腥草"则谓:"鱼腥草,生阴湿地。细茎短叶,秋作细穗如线,三叉。天阴则气腥,马不食之。实极小,歉岁则茂。北地谓之热草,亦采以充饥。"

抄书至此,告一段落。据说,贵阳人的婚宴,一般不上折耳根这道菜,原因是谐音"折尔根",显然的不吉利。这是民俗,应该尊重。但相对而言,我宁愿用"折尔根"一名。有声有色,情景宛然。外地人或不知所谓者何,吾乡土著当知此说不欺也。

杨梅红时雨

又是一年杨梅上市时,碰上端午水猛涨,犹逾往岁,雨多则不免影响品质,吃起来有些淡水——贵州人说水果不够甜之谓也。

小时读古人诗词,以为"梅子黄时雨"所咏就是此时此景,稍长才知大谬不然。梅子其实是青梅,为蔷薇科李属,古时煮酒调味,多用此物,望梅止渴,听到名字就淌酸口水的,也是它。近邻日本,喜食梅干,亦为青梅所制。杨梅则是木兰纲杨梅科,清人吴其濬著《植物名实图考》卷三十一说:"杨梅,《天宝本草》始著录。吴中产者佳,可为粽,即酱也。广信以酿酒。《汀州志》:盐藏可治伤破。"

可见两者大不相同。后来吃到,青梅真是酸,比杨梅还酸。

江南的晚梅雨跟西南的端午水时间上相距不远,我不懂气象学,不知其中有何联系,倒是觉得,如说"杨梅红时雨",一样富于诗意,可惜贺铸偏心,杨梅没能蹭到诗人的热度。明人沈周题画,倒是有"雨后杨梅千树紫"之句,虽说流传不广,情景如见,亦颇能写实。清人李越缦有诗题《梅雨中至申江三首》,其一云:"卢橘含桃取次迟,年来乡味不禁思。鹁鸠声里丝丝雨,正是杨梅上市时。"

工作单位在郊区,这几天上下班,路边时见农民兜售,没敢停车买,一是怕违章,二来也确实拿不准到底是自家所种还是批发来诳人,倒是勾起不少儿时的回忆来。

如果记忆不误,贵阳本地杨梅,最早种植嫁接新品的应该是乌当区永乐乡阿栗一带,印象里,大约在上世纪八十年代末九十年代初,当地人取了个名字叫科技杨梅,据云系从江浙引进,个大黑甜,名声在外。

第一次亲密接触,是差不多三十年前的事情了,犹忆下得车来,行至半路,同行的小伙伴便开始大呼小叫:"看到杨梅树了。"

杨梅树本高,且熟得透的,都在高枝上,触碰不到,我从来不算是胆大的孩子,候在下首,等他们攀上去摘,吃现成的。滋味还好,就是偏酸,略食数枚,便抵挡不住。带我们上山的大人们落在后面,正好赶到,相视大笑,原来这几株压根就不是什么科技杨梅,只是当地的土品种而已,难怪未觉有何特别。

真正的科技杨梅长得并不高大,也就两三米,果实结得密密麻麻,红得发黑,个头还大。引上山来,告知可以自家动手,几个小孩子发一声喊便冲将上去,皆触手可及,摘来毫不费劲,加之纯甜少酸味,吃多了还不倒牙,简直惊艳,一直吃到肚皮彻底装不下。

水果经济价值高,一处开花结果,示范效应很快显现。总之没有几年就普及开来,且成为品牌,土杨梅逐渐无人问津,如今偶然在街上遇到，似乎买者也寥寥，不过，懂行的朋友说，泡酒还是得土杨梅够味。我小时候，奶奶也爱泡杨梅酒，睡前喝一杯助眠，一定挑两粒杨梅给我吃吃，尚余酒味，但加有冰糖，减弱了原有的酸度，在物资贫乏的时代，觉得这也是很好的甜品了。至今怀想。

我不好饮酒，土杨梅的滋味也忘却久矣。其实不单是这个，科技进步，好些食物都与时俱进，改良换代，"古早味"难以寻觅，存留在味蕾的深处，等人唤醒。之所以这样说，是某次到市里一处农业示范基地参观，科研人员端出一筐子西红柿，说是老品种，让我们尝下味道，个头不大，颜色深红，皮薄多汁，一口咬下去，满嘴清香，隐藏的味觉记忆猛地涌上心头，感动无比，剩下的没舍得吃，央人送给我，带回家，留着慢慢品味。

倒不是非得说什么东西都是旧的好，反之亦然，中国最伟大的诗人杜甫说得好，"不薄今人爱古人"。他还有诗句说："落落出群非榉柳，青青不朽岂杨梅。"倘若他吃到今天的科技杨梅，估计也会喜欢，甚至可能写诗歌咏传世。

春天的味道,都在饭桌上

旅日作家李长声先生有妙句曰:"樱花像泼妇,哗地开了,又哗地落了。一开便满枝满树,落时如雨似雪……"语近于谑,细思真世事通明,细味之下,好像还不仅仅是讲世间风物,有些隐喻在背后。一针见血,非高手写不出。

每日上下班,途中所经,便有一条樱花道,仅短短两周时间,便看尽花开花谢,风卷落英,满地皆是,一部分也许碾落成泥,可以护花,另一部分,落在水泥地上,叫清洁工人扫进垃圾堆,顿时诗意全无。

更过分的,凡逢花期,游人搔首弄姿,自拍者众,恰如老友择红兄写诗所嘲:"神州处处皆奇景,满树樱花长大妈。"堪发一噱。

我是俗人,踏春赏花非所宜,倒是喜欢春天的味道。盖每到春天,万物生长,生机勃勃,而在作为万物之灵的人类看来,好多可都是应季的食物,正好尝鲜。

比如,前段时间就有报道说,初春时节,椿芽新上市,卖到百把两百块一斤,近乎天价,在我看来也不足为奇,物以稀为贵,买回家,炒成菜,端上桌,要的无非是这一口新鲜的滋味。可惜我素来吃不惯椿芽,只能敬而远之。

春天的味道可不便宜,古时已然。张祖翼《清代野记》记载,咸丰年间,安徽桐城的举人方朝觐进京赶考,某日觅食,特意嘱咐仆人:"尔勿乱要菜,京师物价昂,不似家乡也。"但埋单居然要价五十多吊钱,方朝觐大怒,呵斥老板说:"尔欺我耶?"答曰:"不敢欺,爷所食不足十吊,余皆贵价食也。"所谓"贵价",也就是称呼仆人的敬语,方朝觐赶紧询问,仆人说:"可怜可怜,我怕老爷多花钱,连荤腥都不敢吃,只吃了四小碟黄瓜。"方朝觐问:"尔知京师正月黄瓜何价?"仆人说:"至多不过三文一条可矣。"哪知道全不是这么回事,饭店老板无奈答曰:"此夏日之价也,若正月间则一碟须京钱十吊,合外省制钱一千也。"

好在春天物产丰富,有的是其他味道可选,费少少许,得到的快乐也不见得少。比如春笋,连壳带泥挖得来,洗剥干净,氽一道水便能烹制,可油焖,可与蹄髈同炖,可拿雪里蕻清炒,可配红烧肉共煮……总之无所不宜,怎么烧来都好吃,鲜甜甘美,尤其根部略老的部分,不要轻易舍弃,尽量地多留一点,纤维虽稍粗,甜味却更足,嚼下去,满嘴甜汁,顺着喉咙往下滑,所谓清福,都在这一口细嚼慢咽里面。

笋的性子偏于清淡,所以近现代大儒马一浮先生写诗自嘲:"诗瘦自嫌蔬笋气,言多人谓野狐禅。"也由于此,笋反倒特别宜于与肥腴的食物一起烹制,清代扬州八怪之一的罗聘有题画的诗说:"初打春雷第一声,满山新笋玉棱棱。买来配煮花猪肉,

不问厨娘问老僧。"真是讨厌，明知道和尚不沾荤腥，偏要馋下他。呵呵。

再一个是春茶，贵州茶期略早于江南，尤其绿茶，质量不亚任何产区。新茶到手，玻璃直升杯注入开水，待水温稍凉，投入茶叶，热气将新茶的鲜香熏蒸出来，凑鼻子上去闻，直透脑门心，穿过烦恼肠，俗念都消。接着看茶芽舒展，载浮载沉，真觉得人生况味，不过如此。

科技发达，大棚蔬菜出现，季节也被打乱，好多所谓时蔬渐渐失去那个"应季"的意义，小时候读杜甫的名作《赠卫八处士》，其中有句云："夜雨剪新韭，新炊间黄粱。"传神无比，少时有过类似的经历，韭菜冬季貌似枯死，其实根部仍在地底存活，春暖萌发，且割一茬又长一茬，生生不息。其气味浓重，采摘之时，一刀下去，便直冲鼻端，就土鸡蛋同炒，翠绿金黄，色香味便齐全。

前几天碰到上海回来的朋友，还讲到当地春天吃所谓"草头"，其实就是南苜蓿的嫩芽，细细小小，清炒一小碟，香气别致，没得说，这味道，也是春天的专属。

举不胜举。

最后，想说说清明粑。顾名思义，掺着切细的清明菜，揉入糯米面中，包各种馅料，甜咸皆宜，或煎或蒸，在南方各地非常流行。江浙一带，多为蒸食，称作青团，贵州人好像煎来吃要普遍些。去年春天，到安顺玩，当地朋友提前买了一大口袋，到收费站接到我们，人手发一个先解解馋，我不小心拿到一枚椿菜馅清明粑，一大口咬进去,立马不适,吐都吐不赢,赶紧换一个红糖馅的吃。吃的时候要小心,糖馅已化,尚且烫嘴。当地的笑话说,为什么吃清明粑会烫到背,盖一口咬开,红糖流到手背上,不舍得浪费,便拿嘴去舔,一边流一边舔,不知不觉手臂越举越高,糖汁顺着流到背上,于是就烫伤了。

简直笑煞,虽是编出来的段子,情境宛然,好吃者自能体会。

谁解山野刺梨妙

从小就知道刺梨是个好东西,有人甚至誉之为"维C之王"。在百度上抄来一段文字:

> 刺梨营养价值和药用价值极高,其果肉中维生素C的含量居各类水果之冠,每100克果肉中含维生素C 2054～2725毫克,比苹果、梨高500倍,柑橘高100倍,猕猴桃高9倍;维生素P的含量极高,每100克果肉中含维生素P 5980～12895毫克,比柑橘高120倍,蔬菜类高150倍。堪称水果之王"维C皇"。它还富含维生素B_1、B_2、E、K_1等16种微量元素,其功能比酸枣高46倍,比银杏叶总黄酮含量高2.4倍。刺梨还被誉为"长寿防癌"的绿色珍果,含有抗癌物质及SOD抗衰老物质,同时还具有健脾消食,消食积,饱胀,滋补强肾的作用。

贵州是野生刺梨的最重要原产地之一,康熙年间编撰的《贵州通志》有载:"刺梨野生,干如蒺藜,花如荼蘼,结实如小石榴,有刺,味酸,取其汁入蜜炼之,可以为膏。各郡俱有,越黔境乃无。有重胎者,花甚艳,可艺为玩。"

记得街头不时见到小贩叫卖，快刀削去带刺的果皮，切为薄片，浸泡在冰糖化成的糖水之中，略费几毛钱，买上一小袋，嚼到嘴里满口果渣，甚至有些粗粝，味道则酸涩无比，如无糖水帮衬，至少我是很难接受。

刺梨虽被视为水果的一种，因其口感问题，一般人大约都比较敬而远之。记得老辈以之泡酒，亦需加入冰糖，色泽金黄，果味浓郁，倒是适合我这种不善饮者的脾性。

朋友小李，告我曰，如今有人酿刺梨艾尔啤酒，"刺梨之苦同酒花之苦，各有面目，各有其苦，而能相得益彰，融成一片，归功于麦芽的甜香居中润色，两边安抚，酒入咽喉，滑入肠胃，后味浮现，如嚼刺梨后的那抹回甘"。答应了几时送我品尝，立此存照，叫他反悔不得。

因刺梨的营养价值得到认可，渐次又开发出不少加工后的产品来，常见的如刺梨干，也是加入大量白糖腌制，甜中带酸，味道不坏，只是吃时须小心避开没有剔除干净的细碎果核，那玩意坚硬无比，稍不留意，真可能会硌到牙齿。还有各种刺梨饮料，易拉罐包装，说实话也不太有喝头，一罐有点刺梨味的糖水而已。

近年来刺梨忽然走红，各色刺梨原汁出现在市场上，价格不菲。须知，贵州人开发的这种原汁确无添加，刺梨本不算含水丰沛的水果，一小瓶原汁，不知多少枚刺梨方能榨得来，五十毫升，就得标价十多二十元钱。第一次喝到，简直崩溃，又酸又涩，难以下咽，内心知道金贵，硬着头皮，索性当药喝。

本地耆老戴明贤先生尝有文章写到刺梨，说自己"喜欢吃山野味十足的刺梨，胜于许多香甜的园林水果"。"入秋，刺梨与稻谷先后黄熟上市。但水果店甚至水果摊都没它的一席之地。它只是被市郊的苗族、布依族村姑用棕丝穿成一串，像是黄色的冰糖葫芦，密密地挂在扁担上……在街头叫卖。"

此景我亦曾见过，如今好像也消逝了。倒是黔中大儒郑珍、莫友芝编撰的《遵义府志》引《滇黔游记》，有着生动的类似记载："每冬月，苗女子采，入市货人，得江浙楚豫人买之。苗女喜曰：利市。谓得嘉客交易也。本省人买之，则倍其价。江南人或物色之，则举筐以赠。"

说来惭愧，野生刺梨从未亲眼得见，老友陈加林兄，名书法家，亦雅擅丹青，某次去他办公室，壁上颇有好几幅刺梨图，墨色未干，却透出野趣与生意，忍不住叫好。加林兄嘱我回家帮着写几首咏刺梨的诗，至今不曾动笔，倒不是弯酸（作者按：黔语"弯酸"指矫情），原因是对此物太不熟悉，即使写，恐怕堕入无病呻吟一路。

刺梨有诗意，属蔷薇科落叶灌木植物，别名甚多，其中之一即"送春归"，盖因其暮春生发，初夏凋谢，诗人多情，因以为名。戴老师的文章里引用了贵州大诗人郑珍的《引妻》一诗："田评香稻久，路摘刺梨频。"情景如见，足征刺梨是个生长乡野的习见之物，随手采摘，收获不少。唯不知诗人攫得刺梨盈筐，回家是不是也拿来泡酒喝。醉饱之余，铺纸濡墨，写下这些诗句。

郑先生科考不顺，中年虽曾短暂出仕，大半辈子以布衣自居，致力于讲学著述，保持着某种可贵的山野之气，大概也只有这样的儒者，才能欣赏得来刺梨的妙处。

童年记忆地萝卜

差不多二十年前,看过一部台湾电影《娃娃》,我们一群朋友都非常喜欢,以至于有好几年时间,每逢六一儿童节,便会相聚看一遍 VCD。

这部出品于一九九一年的电影,由柯一正导演,故事情节非常简单——娃娃是来自山地的一个小女孩,因父母飞机失事去世后,她被送到台北,交给母亲生前的同学密友朱妈妈一家收养。娃娃带着一只宠物猪芭乐,成了这个新家庭的成员。

某次,朱爸爸不小心弄丢了芭乐,娃娃遂在干哥哥朱皮的带领下,跟廖多、廖豪、肉粽等一群小孩,展开一场忍俊不禁的寻猪之旅。没有想到的是,找到小猪芭乐时,它却掉进河中溺毙。

影片结尾,孩子们埋葬了芭乐,娃娃却毫不伤心,甚至立马就跟旁边路过的一只小狗攀谈起来,并叫它"芭乐",认为小猪死后转世,成了小狗。稍稍年长的朱皮不能理解,费尽唇舌跟娃娃辩论,"死了就是死了,死了就不会再活过来……"而此时的娃娃,终于明白,自己的父母的确永久地离开,他们并没有转世到台北,变成了现在的朱爸爸和朱妈妈。

推荐诸位找来看看，窃以为值得看。这里想说的，是芭乐这个名字，直到五年前第一次去台湾，我才晓得，原来芭乐是番石榴的别名，在当地种植甚广，果肉粗粝，嚼来满口渣，酸甜味，产量大而价廉，是非常平民化的一种水果。不知为何，一边吃，一边就想到贵州极其烂贱的地萝卜来。

地萝卜也称地瓜，豆科豆薯属草藤本植物，可食用的部分为其块根，又称沙葛、土瓜、凉瓜、凉薯、薯瓜，北方似无，西南一带大概比较常见。

前年去日本，在日记里有这么一段文字："晚回大阪住，找一家小酒馆吃东西，尝到了山药泥饭，可口，我能习惯。略饮酒，地瓜所酿，本格芋烧酎，加冰喝。长老曰，日本人能琢磨，尽去土味，对身体还好。"都叫作地瓜，这个地瓜却不是地萝卜，而是番薯，跟我介绍地瓜酒的长老，即李长声先生，是吉林人。而在中国北方，好像不少地方都把番薯叫地瓜。

犹记幼时，水果难得一见，只有地萝卜上市，量大便宜，家里每每一买一大堆，不洗去上面敷着的泥土，可长期放置，不至腐坏。吃时剥掉外边一层薄薄的皮，果色雪白，水分充足，甘甜可口，但家长一般不让多食，谓易上火云云。

生吃之外，地萝卜也可切片凉拌或清炒，滋味清爽。

以上文字发在微信朋友圈里，留言者不少，因文中写到，地萝卜"果色雪白，水分充足，甘甜可口，但家长一般不让多食，谓易上火云云"，于是引发讨论，选几条仿佛在互相抬杠的：

四川朋友安女士第一个评论："哎呀，我们四川的父母都说地瓜是清热的。"

师弟朱宇马上反对："说是吃多了会上火。"

在公安部门工作的张哥跳出来呼应："为什么我一吃就流鼻血？"

…………

当然，这几位留言的朋友互相不认识，玩微信的都知道，不认识的朋友自然彼此看不到彼此的留言，所以我说是"仿佛"。要知道，关于一个食物是性冷还是性燥，上火还是清火的问题，大概是很多人自小就不明就里却又深信不疑便接受而来的知识。而且往往自相矛盾，时常叫人摸不着头脑，我比较赞成前面那位警察朋友的意见，除非自己吃得每一次都流鼻血，经过实践检验，否则最好不要轻信。

话说我成年之后，几乎不沾此物，原因无他，小时候吃得太多，有些腻味了，而且，某种程度上，关于"上火"的评价，也每每让我望而止步。恰是地萝卜采收的季节，前几天去安顺，在街头就碰到不少推着板车叫卖者，犹豫了一下，还是没下手。

地萝卜这名字取得着实不错，据说原产热带美洲，后传播到世界各地，产量特高，且种植甚易，大概是我们少时常见的原因。

手中缺书，唯一册常翻的清人吴其濬著《植物名实图考》，只找到一条"滇土瓜"，其中的描述与地瓜略相接近："土瓜生滇、黔山中。细蔓，长叶微团。秋开如鼓子花，色淡黄，根以为果实。

桂馥《札璞》：土瓜形似莱菔之扁者，色正白，食之脆美……《遵义府志》：俗呼土蛋，岁可助粮。"

"形似莱菔之扁者，色正白，食之脆美"这几句描写，可说极为准确，莱菔即萝卜古名，八九不离十，应该就是我们熟悉的地萝卜。现在的城市小孩子，大多可能没见过也没吃过，倒不说是有多遗憾，但我自己是后悔遇到没有买来尝尝，因其中真有旧时的记忆也。

红了莓及某个朋友吃人口水的糗事

中山大学的曹雨先生,著有《中国食辣史》一书,专门论述辣椒在中国的传播历史问题,其中谈及,中医对食物和药材的归类:"基本上源自直观的尝味、观色、嗅觉,得到了直观体验之后,便将其列入某一类,从而类比推理出这一类的特点。一般来说,生长在水中的植物和动物,被认为是冷的……味苦的食物也被认为是冷的……牛羊肉这类肉食被认为是热性的,但猪肉、鸡肉则例外,它们属于中性食物。几乎所有辛辣的、富有香料气息的调味料都被认为是热性的……"

而即使如此,中国传统上对于辣椒的看法居然也并不一致,曹先生引用《本草纲目拾遗》的说法,"辣茄性热而散,亦能祛水湿"。由此自然推导出吃辣椒易上火的结论,但有趣的事情也因此而来,相当多不食用或较少食用辣椒的地区,认为上火对身体不利,而反之则以为辣椒可祛除湿毒,对身体有好处。作者的结论是:"无论是'热气'还是'祛湿',都不是人们不食用或者食用辣椒的原因,反而是一种补充的心理慰藉……人们不过是利用了中医理论给自己找了一个可以心安理得地享用自己喜好食物的理由罢了。广东人不喜好香辛料，于是用中医理论说'热气'；西南人喜好香辛料，于是用中医理论说'祛湿'。在享用美食之余还可以慰藉心灵，认为自己做了对健康有好处的事情。"

读完颇受启发，人之为人，不能离开其创造的文化而言之，总之但凡自己喜欢的东西，要不就多想些，想复杂，为自己的行为找到依据，要不则反之，索性不想。

比起地萝卜来更烂贱且也据说上火的幼时食物，还有一个红子莓，我记忆里好像没人专门卖这个东西，因漫山遍野，所在多是，约上几个同学，自己去摘就好了。红子莓极细小，一旦结实满枝头，拿手捋下来，一把一把地吃，微带酸甜，嚼上几下，便感觉到涩味，将渣滓吐出来，再吃下一把。长辈们也不让多吃，原因是这玩意好像不大容易消化，次日上厕所便见红，于是也有易上火的嫌疑。

我一直没搞清楚红子莓到底是个什么植物，无处查找古书里的记载，猜想如果前人著述谈及，可能会下一句"性燥，不宜多食"的考评。如今偶尔外出，还会见到，当然不会多吃，摘几颗嚼嚼，权当忆旧可也。

我家老爷子提醒说，他主编的《贵阳百科全书》有关于"红子"的一条说：

> 红子 *Pyracantha fortuneana*，英文名 Fortunes Firethorn。蔷薇科火棘属被子植物。常绿灌木。果实小而呈鲜红色，贵阳人称之为红子。小枝暗褐色，侧枝短，先端呈刺状。叶革质，叶片倒卵形或倒卵状矩圆形，先端圆钝或微凹，

有时有短尖头，基部楔形，边缘有圆钝锯齿，两面无毛，叶柄短。复伞房花序，花白色；萼筒钟状；花瓣圆形。梨果近圆形，直径5毫米。果实含有机酸、蛋白质、氨基酸、维生素和多种矿质元素，可鲜食，也可加工成各种饮料。树叶可制茶，具有清热解毒，生津止渴、收敛止泻的作用。根皮、茎皮、果实含单宁，可提取鞣料。根入药，具有止泻、散瘀、消食等功效。果实秋季成熟，鲜红色的果实挂果期长。在公园或公路边已栽培为绿篱。中国分布于陕西、江苏、浙江、福建、湖北、湖南、广西、四川、云南和贵州。贵州省广泛分布于喀斯特向阳山地。贵阳喀斯特山地均有分布。贵阳另有细圆齿火棘，叶片长圆形至倒披针形，边缘有细圆锯齿。用途与火棘同。

居然忘记去查，活该挨教训。

老贵阳廖老伯评论说："图片中不就是俺们玩盆景的植材火棘么，三国时蜀伐魏，此物曾救过蜀军性命，故又叫救军粮。贵阳人叫红子，困难时期，曾填过俺们肚子。"老伯年轻时好玩盆景，江湖有名，也许因此而多识花花草草之名，受教了。

安顺朋友水云也附和："红子，学名沙棘果。我们也叫它红籽。电视上说北方有人专门栽种并开发制作成饮品。安顺这边多叫'救军粮（粮读阴平）'。"

丁姓毕节朋友讲："毕节话，聚掬郎，郎要念一声。救军粮的意思。小果子酸甜粉面感，可充饥。"

红子莓别名救军粮,据说流传颇广,至于救的是不是三国时的蜀军不好说,但最少侧面证明了这玩意是真能充饥,有救荒之功,历史上也许活人无数,事实上,《遵义府志》引用前人著述就有记录,说红子和刺梨皆产于"山原之间,妇馌未来,午茶不继,则耕牧之粮也。途左道旁,贩夫肠吼,行子口干,则路中之粮也。黔中,当乾隆己丑、庚寅大欠,饥民满山塞野,以此全活者多"。读到此处,不由得平添了几分敬重。

查明代云南嵩明人兰茂所著《滇南本草》,果然记载有红子莓:"赤阳子,一名救军粮、一名赤果、一名纯阳子、一名火把果。味甘、酸。治胸中痞块、食积、消虫、明目、泻肝经之火,止妇人崩漏皆效。"

毫无疑问,这个所谓"赤阳子",就是我们打小就熟悉、漫山遍野摘了吃的红子莓。

汪曾祺先生画过红子莓,其题画曰:"天子山有小红野果,曰舅舅粮,亦曰救命粮。"天子山在湖南。

末了还想引用一段朋友赤剑兄的留言,他在城市长大,虽说略长我几岁,居然不曾有过野外觅食的经历。他评论说:"上世纪七八十年代,小学门口专门有卖红子莓,一分钱一杯。我有一次见到制作过程,再也不吃了。"

勾起我的好奇心。碰巧昨天遇到他老兄,赶紧询问到底遇到了什么"鸟事",他答道:"那时卖的红子莓,是要加糖精增甜的。某天我偶然看到卖主在一个小巷子里,端着一杯糖精水,喝上一大口,奋力喷在一盆红子莓上。恶心得我……"

我也觉得恶心，但实在忍不住要拊掌大笑，笑他不知吃过多少别人的口水下去，而且还是花钱吃……

犹忆黔式洗沙月饼味

近些年来，广式月饼、云腿月饼大行其道，作为一个地道的贵阳人，突然发现，倒是我们自己的黔式月饼难觅踪影。某次到贵州饭店参加一个所谓"黔菜论坛"，让我上台发言，还吐槽说，如今贵阳最火的"网红月饼"有二——省医和贵视，且皆为滇式，贵阳月饼式微如此，作为主打黔菜的标志性企业，居然无所作为，似乎有点说不过去。

据说黔式月饼的妙处之一，在于其酥皮的制作，足有二十层之多，以面粉、板油拌合成"干油酥"，再置于糖稀、清水拌匀揉成的水油皮中，开暗酥制成一个酥皮坯剂子，再将每个剂子按成圆饼皮子备用。馅料亦复杂，有剁细的芝麻、瓜子、核桃，还要加入火腿、大枣、瓜蓉、熟粉、冰糖和盐等等，也有纯馅的，没记错的话，多为洗沙之类。烤将出来，外壳酥脆金黄，馅料口感丰富。

但黔式月饼也有现代人不喜的缺点，那便是——重油。至今我犹有印象，小时所食的黔式月饼，包装简陋，不尚奢华，只是一张有印花的纸而已，拿到手中，纸上浸透了油。不能久存，时间长了，油会齁掉。

上世纪八十年代，还在读中学时，学校紧挨着新添光学仪器厂，中秋前一两周，其食堂烘制黔式洗沙月饼供应职工。路过就能闻到烤制新鲜糕点的焦甜香气，特别诱人。

同学中厂里的子弟，换些饭票，就能买两个尝尝。窃以为，是我平生吃过最好的月饼。某年中秋，曾有打油诗记其事曰：

此世浮华胜月华，合该鉴史避田瓜。

阖书所想唯一味，厂里新烘素豆沙。

知堂老人周作人《儿童杂事诗》"甲编"，有关中秋的一首也说："红烛高香供月华，如盘月饼配南瓜。虽然惯吃红绫饼，却爱神前素夹沙。"

钟叔河先生为之笺释说："素夹沙即用素油做的月饼，红绫饼则用猪油。夹沙谓馅，即是豆沙也。顾雪卿《土风录》：饼饵馅以赤豆末红糖炒之，曰豆沙。"

此物不是知堂老人的故乡所独有，贵州人也很熟悉，日常小吃中的豆沙窝，所用原料也接近，只是甜馅换成咸馅罢了。豆沙月饼，黔人叫作"洗沙月饼"，正是我小时所吃的那一种。

如今的月饼不够朴素，便失其本意了。前面说到贵州省医食堂，有一味网红云腿月饼，下料足，现烤现卖，绝无包装，最多放进塑料袋、装个方便盒了事，却大受市场欢迎，据说中秋前后，除了月饼外的其他糕点都停做，集中力量办大事，仍然供不应求。我偶尔买之，趁热吃，味道更胜一筹，甚至有个建议，条件允许的话，吃云腿月饼最好拿烤箱略为加热，较之冷食，绝对要安逸多了。

公道自在人嘴巴，包子有肉不在褶上，真心诚意做好月饼，老百姓自然会认账。惜哉，好多人不明白这简单的道理，搞得每到中秋，月饼的话题就要翻来覆去讲，且讲来讲去只是说贵，说不值那个价，说老百姓吃不起，说奢侈浪费，老生常谈，如此而已。寻常一饼，鲍鱼其里，精装其外，便可卖出高价，于是口诛笔伐，年年不休。

馈赠月饼，因包装而贵，古已有之。

《清稗类钞》即记载说："中秋节届，粤俗馈赠品于月饼而外，有所谓宫笔花饼者，涂以花草人物，灿染以五彩，以锦匣装潢之。"看起来，明白"人靠衣装马靠鞍"这个简单经济学原理并实践之，得风气之先的，还要数改革开放前沿的广东人。

好在这几年各种整顿，不良社会风气急刹车，送礼之风已渐刮渐小，包装过度似乎也渐少，月饼渐渐回归本质，不大能奢华起来的黔式月饼，也许真有重新回归的可能。

攥着小拳头的蕨菜

中学同学聚会，聊起少年时的故事，桩桩件件，如在眼前，毕竟是上世纪八十年代的过来人，记忆中跟食物有关的还真是不少。

碰巧最近在重温汪曾祺的文章，其中一篇讲到故乡的野菜，譬如荠菜、枸杞头、蒌蒿、马齿苋、莼菜和灰菜什么的。汪先生是江苏高邮人，江南物产，与西南有别，大多数野菜，在贵州不要说生长，就连听说过的也少。然类似的经历，却大同小异，值得一说。

汪先生在文末感叹："过去，我的家乡人吃野菜主要是为了度荒，现在吃野菜则是为了尝新了。"

此言不差。我们少时，偶尔也有山间溪边拣摘野菜的事情，而印象中最常见的，是蕨菜。目的不在于充饥，纯属好玩，家里还能添一味菜式，一举两得。蕨菜的样子尤其萌，异常容易辨识，散落在杂草之间，一个个攥着小拳头，等你来采。明代的枏堂禅师有句咏之曰："拳伸夜雨青林蕨，心吐春风碧树花。"我当年读到便喜欢，特地写成春联送朋友张贴。

话说蕨菜属水龙骨科多年生草本，入夏乃发生，随处可见，生生不息。我跟汪先生一样，喜读清代吴其濬的《植物名实图考》，其一〇八条讲到蕨菜，谓之"陈藏器云：多食弱人脚。朱子《次惠蕨诗》：枯箨有余力。意亦谓此。而或者释蕨为蹶，且云负荷者不肯食。以余所见，黔中之攀附任重、顶踵相接者，无不甘之若饴。"

显然地，食蕨在贵州古已有之，山民视为美味。

前几年，因传闻食蕨菜致癌而使其名声受损，一度鲜人问津，实际上没有那么玄乎，去除老化的部分，择其鲜嫩者，先汆一道水再行烹饪，其害便微乎其微了。何况，时代进步，蔬菜丰富，蕨菜只是偶尔尝鲜一吃，那点点量，不至于损害身体。更何况，到现在，所谓致癌之说，也未见过硬的证据，更像是"民科"的故作惊人之语。

蕨菜分苦甜两种。我比较蠢笨，向来分不大清，常常采回一大把，多是苦蕨菜。好在，中国人的观念里似乎认为，但凡清苦的食物，都有清火去燥之功，加上开水汆过后，苦味便减轻不少，所以一般也都照吃不误。更何况，野菜的妙处，是总有一股种植所无的特殊气味，姑且称之为山野之气，而苦味与之相随，好像也是妥帖的。

一般来说，蕨菜的烹饪方式，凉拌和焾炒较多。且蕨菜可以鲜食，亦可晒干后食用，后者还更别致些，有韧劲，有咬口，若能与肥瘦相间的腊肉同炒，加上筒筒辣椒，既入味又有油腥气，味道会更加厚重些。

我自小在区县长大,接触的野菜其实有限,认识的品种更少。倒是周边农民,不时会在路边吆喝,卖些新鲜的野菜,比如灰灰菜、地米菜之类,而我最爱的,是各种野生的菌类。

母亲性格谨慎,不大认识的菌子一般不会买,家里吃得最多的是奶浆菌、黄丝菌和紫花菌。个人的看法,菌子才是野菜中的极品,风味之佳,秒杀其他一切野菜,而价格相对也比较高。紫花菌拣洗干净,加葱蒜、肉片和西红柿等同炒或同烩,佐饭连尽三大碗,不是问题。倘有吃剩的,第二天煮碗白面条,直接倒进去拌匀,稍稍加些酱油之类的调料,趁热食之,味道无敌。人工栽培的菌子一律不要吃,毫无香气和个性,跟嚼塑料没什么两样。

说回蕨菜,菜场里经常有卖,想吃不难,怀念的倒是少不更事,满山疯玩,一不小心就错过了老妈规定的回家时间,急吼吼摘些蕨菜,假装为家做贡献,试图蒙混过关,希望妈妈看到蕨菜的小拳头后,心中一喜,就不会对我饱以老拳。

谷雨后,樱桃红满市

樱这个字惹人遐想,总跟春光短暂、流年易逝脱不了干系。

大概因为,跟樱有关系的,一个樱花,一个樱桃,都是在春天生发,且花期、果期不长,稍不留神便错过。前人的《东京杂事诗》即说:"树底迷楼画里人,金钗沽酒醉余春。鞭丝车影匆匆去,十里樱花十里尘。"

樱桃亦然,从上市到下市,短短两三周而已。宋人范成大的诗说"谷雨熟樱桃",郑板桥的词也有"四月樱桃红满市"之句。明明白白,其果期在谷雨后,暮春时节。

叶灵凤先生晚年定居香港,怀念江苏老家,写下《能不忆江南》一书,其中有两篇文章涉及樱桃,他说:"我在感情上对樱桃一向有一点特别好感,是另有一种原因的。我并不爱吃樱桃,它的行色可爱也还不致使我要形诸笔墨。我见了樱桃,提到了樱桃就特别感到亲切,是因为我们家乡玄武湖一向以出产樱桃著名。玄武湖上有许多小洲,洲上的居民以种植樱桃为业。樱桃树是不高的,枝叶低垂,有点像荔枝树那样。春深了,洲上的樱桃成熟,在细碎密茂的绿叶之中,一簇一簇的红樱桃真像是珊瑚珠。这种情景,从小到大，从大到老，都使我难以忘记。这里面有诗情，有画意，更有乡情。"

看过齐白石老人画的樱桃，确有画意，更难得的是能画出水灵劲来，真是圣手。

贵州出产的樱桃，也颇有些名气，譬如乌当下坝、安顺镇宁、思南塘头……皆为有名的产区，不能一一罗列，但也足见种植的普遍。

中国文人喜欢樱桃，至少部分的，是因为其纤弱美丽，古人形容说，以白色的瓷盘盛之，就像那铁如意敲碎了珊瑚枝，窃以为倒是个煞风景的比喻。中国人没见过珊瑚枝的大把，说起樱桃，反而熟悉，且樱桃风姿绰约，似不染尘，譬诸富贵之物，简直恶俗。

樱桃惹人怜爱，与其不耐保存，好像也有一点关系。叶灵凤在香港吃到樱桃："非常新鲜。樱桃熟透了，滋味就特别甜，可是熟透了就不能外运久藏，这是难以两全的。因此这次运来的樱桃，达到了新鲜的标准，甜味却差了一些。"

这倒不假，贵州本地人吃樱桃，非常强调是本土出产，且得是当日所采摘，否则便跌身价。上周朋友送来一小筐子镇宁樱桃，特地交代，一早去果农的园子里摘得，不敢耽搁，当天就要送到几位好友家中，"不要过夜，趁新鲜，赶紧吃"。

记得好些年前，几个朋友约在黔灵山顶上的西苑喝茶，我有事晚到，正巧樱桃上市，遂在公园门口买了两斤，装在塑料袋里拎着。一边爬山，一边拿张报纸看，忽觉手腕一松，定睛看时，发现居然被一只大猴子抢走，没法再夺回来，只好认栽。倒是佩服猴子亦是灵长目，智商不低，知道樱桃是好东西，能够趁人不备，半道打劫。

樱桃是我们自己的土产，清人吴其濬《植物名实图考》有条目，说"樱桃，《别录》上品。《尔雅》谓之楔，即含桃也。有红白数种，颍州以为脯"。足征古已有之。

不单中国，近邻日本，也产樱桃，藤泽周平《小说周边》里写道："乡间的我家庭院有很多果树，记忆中有栗、柿、梨、樱桃、茱萸、树莓、杏、梅等。樱桃有小粒的，还有一种大粒的江户樱桃，我觉得跟现在店里卖的那种被称作plum（洋樱桃）的属于同一品种。"所谓洋樱桃，大概就是这些年大行其道的车厘子，引进甚广，更大粒而饱满，甜度也更高，身价不菲。得承认亦是美味，然美艳浓烈，要论余韵，比不来中国樱桃清雅宜人，更符合中国式的审美。

偶得暇余，三两知己，泡一杯雨前春茶，搭配樱桃共食，闲谈半日，真可洗却世间尘埃。

"胡豆"如何讹"佛豆"

睡前宜读闲书,随手翻出一册汪曾祺先生的《食豆饮水斋闲笔》,逐日翻几篇,勾出不少记忆来。

譬如,汪先生讲到蚕豆,说其得名是"因为这是养蚕的时候吃的豆",有道理。而贵州人跟近邻四川一个叫法,即胡豆,汪先生认为没有道理,盖因"中国把从外国来的东西冠之以胡、番、洋,如番茄、洋葱。但是蚕豆似乎是中国本土早就有的,何以也加一'胡'字"?也说得有道理。

查明人鲍山《野菜博录》,其卷二草部有"胡豆"之条,略谓:"生田野间。苗初揭地生,后分茎叉。叶似苜蓿叶,细。稍间开淡葱白花,结小角……采豆煮食,或磨面食。"观其描述及绘图,显然并非我们熟悉的蚕豆。

倒是清人吴其濬著《植物名实图考》,有蚕豆之条,亦有胡豆之条。其说蚕豆曰:"《农书》谓蚕时熟,故名。滇南种于稻田,冬暖则熟,贫者食以代谷。李时珍谓蜀中收以备荒。盖西南山泽之农,以其豆大而肥,易以果腹;冬隙废田,尤省功作,故因利乘便,种植极广,米谷视其丰歉,以定价矣。"

读这段文字,与汪先生所说其得名之由暗合。更觉得蚕豆在灾荒时节有功于民,应该表彰。今人衣食不愁,用之代粮,大可不必,倒是可以纯粹地享用胡豆之味。

我岳父炒胡豆,喜加小茴香,此物为成熟后晾晒干燥,可作调味品。而新鲜小茴香在菜市场上似不多见,偶尔遇到,择其细嫩者购回,拣洗干净与胡豆同炒食,略带清苦的药味,但不又至于过头,个性十足,吃过便难忘。

我父母则喜用莴笋叶炒胡豆,取其清香,两者也非常协调。

而我记忆更深刻的,是奶奶还在世时,每逢新胡豆上市,买其极鲜嫩者,去壳去皮,与米饭同烧,略加猪油和盐调味,揭开锅盖,豆香立马窜进鼻孔里,食欲顿时大增,连吃三碗打不住。不过,虽说做法简单无比,却多年未尝咯。

说回胡豆名称的疑问,我读吴其濬的大著,倒还另有一个猜想,书中引用了几种古籍的说法:"《益部方物志》有佛豆,粒甚大而坚,农夫不甚种,惟圃中莳以为利。以盐渍煮食之,小儿所嗜。《云南通志》谓即蚕豆。岂宋时尚未遍播中原,宋景文至蜀始见之耶?明时以种自云南来者绝大而佳,滇为佛国,名曰佛豆,其以此欤?"

倘若其说成立,佛与胡音近,久之则讹,似乎大有可能。佛字用在"仿佛"那个意思的时候,也还是读为"福"音。要知道,今天的贵阳人说话,F与H仍然不能完全分清楚,老贵阳人说"佛",就念的是"福"那个音。而"胡豆"的"胡",一样地读作"福"。再举一个例子,"忽然"的"忽",老贵阳话也一定说成"福然","老虎"也读作"老腐"。年轻人受普通话影响，大概会分得比较清楚。

为此特地打电话问了正宗的成都朋友，得到证实，当地方言中，"佛"和"胡"也一个读音，皆读作"福"。

或谓胡豆是张骞出使西域携回，不折不扣是舶来品，呼为胡豆，无可争议。聚讼纷纭，且不去辩他，倘如是，由胡豆讹为佛豆，其道理仍然可通，只是次序得改过，这段考证大概还是说得过去的。

末了还得抄段书，王揖唐《今传是楼诗话》有一则，引英廉咏紫芥诗云："春韭秋菘漫自雄，输他风露满幽丛。人间大有巢居士，一稜蛾眉饷长公。"其自注曰："李时珍谓巢菜为野豌豆之不实者，近闻人云即蚕豆，未之考也，蚕豆一名蛾眉豆。"

李时珍说得对不对，姑且不论，这里又提出一个蚕豆的别名蛾眉豆，且颇具诗意。不知由来，还是得胡乱猜测下。胡豆去荚，豆瓣上的那一撇胚根，是不是像极了淡淡的弯弯眉毛，古人观之有感，取名蛾眉豆，想想也许有几分道理。

证据不足，还望博学者有以教我为感。

秋风起时尝新米

秋风、秋雨起时,正是新米上市季节。

老友田君,早完成原始积累,家居无事,加之性情闲适,动手能力强,在平坝弄了几十亩稻田,春播秋收,不施农药、农肥,绝对有机。节前收获,特意送来几袋新米。晚上煮食,揭开锅盖,满厨房都是米香味,不须任何下饭菜,便能连吞两碗,满嘴清香,越嚼越甜,滋味悠长。

真是有心人,借此谢过。

而平坝这地名一听便有贵州特色,黔中多山地,是中国唯一没有平原的省份,小时地理书讲得很清楚,山间小盆地谓之坝子。在"地无三尺平"的贵州,一块稍微大些的平坦小坝子,宜耕宜种,往往就会比较富庶些。原因无他,地势平,土壤肥,种粮种菜,都能多收几斗,多长几茬。

说起来,中国人真正吃饱饭的日子不算太长,历史上,即使太平盛世,普通老百姓也几乎做不到顿顿大白馒头、白米饭,掺些杂粮吃才是常态。真正物资丰富,普遍的不愁吃穿,也就最近几十年的事情。而我们少儿时,即上世纪八九十年代,一般城镇居民虽说不至冻馁,副食品仍然稀缺,南方以大米为主要食粮,粮店里凭票供应,给你什么吃什么,没有太多讲究的资本。

记得读小学时,家在县医院住,早午出门,书包和红领巾之外,还要带上一个方方正正的铝制饭盒,米事先淘净了放在里面,顺道交至食堂去蒸,放学时取回,烫得拿不住,需携毛巾一张裹将起来。

我十二三岁学会骑单车,于是接下家里每月买米的重任,一次五十斤,粮店购得,米口袋小心翼翼捆在后座上,先推一段长坡,再慢慢骑回家。

实在地说,年轻时不懂米的妙处,当然也没那个条件。尤其是大学时代,食堂里卖的米饭,巨大的格子蒸出来,要不太软要不就太硬,里面不要有沙子硌牙就谢天谢地了。

人到中年,突然发现,米中滋味隽永,贴近人生的况味。加上据说主食不宜多吃,索性花些心思、花些钱,坚定不移地买好米吃。如今物流发达,东南西北的出产,不难获得,但不管东北粳米还是泰国香米,价钱不低,晶莹油润,米香感人,但总觉差点什么意思。

某年出差,在黔南一乡镇上晚餐,正巧碰到邻近的村里在挞谷子,主人特地弄来一些,淘过水,在大锅里煮至夹生,再捞出来,放进甑子蒸。因此有米汤可饮,装在大盆子里,上面漂着黏稠的粥皮,仿佛一段精华,尽数在此。赶紧去舀来,连喝几碗,简直惊艳。至于蒸出来的米饭,粒粒饱满,清甜宜人,正是苏东坡诗"新稻香可饭"描写的场景，于是也学着打了一个油曰：

　　稻熟风肥满坝香，现搓谷子倩人尝。

　　已飘煮米清腴味，大钵盛汤慰肚肠。

不管怎样，还是本地的大米，最能给人以满足感。

除白米之外，我还青睐贵州的红米，产区少，亩产量也低，非常金贵，甚至有人还给它取了个香艳的名字，叫作"胭脂米"。鄙人倒不大以为然，一来无论生熟，颜色都并非鲜艳的胭脂色，略带点土气，红扑扑的，并不好看；二来味道特别，谷香虽浓郁，却绝无矫揉造作之气，盖乡村少女脸上的红润，乃是劳作之后的健康颜色，哪能拿涂脂抹粉的俗物来比拟。每次从农户手中买来，要记得讨一小袋没有完全脱麸的糙米，煮的时候加入少许，嚼口会更好。

《晋书》里记录阮孚的故事，说有朋友去探望他，"正见自蜡屐，因自叹曰：'未知一生当著几量屐。'神色甚闲畅"。古人叹息人生短暂，说是一辈子也穿不了几双木屐，诸君何妨自问，一辈子又能吃多少米呢？

转眼第二年，又是秋季，却几有一月苦雨无休，国庆长假后，好不容易晴了几天，转眼又开始变天，恰好是稻子收获季节，太阳出不来，收不了稻，更晒不了谷，显然地误了农时，叫人气闷和揪心。

上面讲到的田君，每年必送新米来，今岁也不例外，特地询问他收成情况如何？答曰，雨水太多，几乎找不到合适的时间收稻子,好不容易收下来,完全没法晒,"送到湄潭,用机器烘干,豆腐都盘成肉价钱咯"。

没过两天,吉林的朋友孙君也寄来东北五常大米一盒,千里迢迢,情谊感人,在此谢过。

新米到手,立马煮来吃,味道都很好,满嘴清甜,甚至不用菜,就能吃下一大碗。

平时上班,最多晚上做一顿饭吃,忙不过时,往往外卖解决,家里存米,往往一放经年,消耗不掉。庚子年初,因新冠疫情宅居,一日三餐,都得自己弄,两个月不到,居然将家中残存的米都吃完了。未雨绸缪,跟风又去囤积了一些,橱柜里塞得满满当当,多少是个安慰。

存米过多又来不及吃的结果是,等到夏天,气温上升,忽有一天,发现厨房里到处是小飞虫,打不胜打,简直不堪其扰。仔细检查发现,大概就是米里生出的虫子,且米口袋里,黑色的小小米虫也泛滥成灾,花了好几天时间,将所有存储空间整理清洗一遍,小飞虫从每天要扑灭几十上百只,到十几二十只,再到偶见一两只,硬是折腾了两个星期方始绝迹。

咨询过几位做农业的朋友,才知道所谓米虫或者飞虫,其实皆从蛰伏米中的虫卵孵化而来,其性喜高温,所以遇夏天则生。吸取教训的结果是尽量购置小袋且为真空分装的稻米,随吃随开,避免米虫滋生。

记得清代吴其濬著《植物名实图考》一书,其"小麦"一条谈及粮食储存的问题，说什么"北之麦，南之稻，人所赖以生，然稻能久藏，所耗少，麦经岁而虫生（其色黑，故俗呼曰牛），簸扬辄减十之二三，谷之飞亦为蛊为麦籈也。三十年之蓄，尚稻而不尚麦者以此"。毕竟是当过地方官的文人，眼光独具，知道关心民生，且用心琢磨管理，应该是个好官。

而据懂行的朋友说，面粉保存，还有个难处，即时间长了易受潮"板结"，甚至霉变，不过，科技进步，大概有更好的环境和技术条件，现在非过去可比。

最近倡导节约粮食，反对浪费之风。我举双手、双脚赞成，"一粥一饭，当思来之不易"，少时读邓拓的《中国救荒史》，开篇就说："我国灾荒之多，世界罕有，就文献可考的记载来看，从公元前十八世纪，直到公元二十世纪的今日，将近四千年的时间，几乎无年无灾，也几乎无年不荒。"不能具引，有兴趣的朋友不妨找来读读，窃以为读后会更觉得节约光荣，浪费可耻，甚至增强一点居安思危的意识。

好在承平日久，虽曰一时不够风调雨顺，仍能饱暖无虞。宋人曾巩的诗云："市粟易求仓廪实，邑尨无警里闾安。"对于普通老百姓而言，所望不过如此。

某年白露刚过，鄙单位照例推出一场线上节气活动。秋风渐起，按照农时来说，已是新稻上市的季节，活动名称也就命为"稻花香里说丰年"，出自辛弃疾《西江月》那首著名的词。

城市里长大的朋友，很难体会所谓"稻香"是何感觉。我以前因为工作缘故,出差多,下乡多,对此倒不陌生。

曾在重庆参加一个书院建设的研讨会,选址在离朝天门码头一个多小时船程的广阳岛上,当地政府斥资在这方圆十平方公里的岛上打造生态空间,一片田园风光,适逢稻熟时节,游客不少,看来都是周末特地来感受一下何谓丰收季节的。大片稻田入眼金黄,灌浆饱满,稻穗低垂,风来真有香气入鼻也。

说到经常送米的,还有朋友老谭,本是城市人,在贵阳城郊务农为业,前些年老去他那玩,最爱的也是这个时间段,去了有新米食,饱啖之余,还要顺带拿些回家,快何如也。

这几年工作忙,难得做次饭,家里存米一向不多,即或有,也放置柜中,偶尔用一次。前面说过了,庚子春节后遇到疫情,整整做了两三个月饭,一日三餐,顿顿不落,这才发现,米的消耗还真是不少,尽管我煮饭向来按斤掐两,几乎不浪费一点粮食。

也是在疫情期间,重读了美国学者贾雷德·戴蒙德的名著《枪炮、病菌与钢铁——人类社会的命运》,书中详细阐述了人类社会发展早期粮食驯化和生产的情形,作者写道:"有些地区的粮食生产完全是独立出现的,在其他地区的任何作物或动物来到之前,许多本土作物(在有些情况下还有动物)就已驯化了。目前能够举出详细而又令人信服的证据的地区只有五个:西南亚,亦称近东或新月沃地;中国;中美洲(该词用来指墨西哥的中部和南部以及中美洲的毗连地区);南美洲的安第斯山脉地区,可能还有亚马孙河流域的毗连地区;以及美国东部。"

而在中国，最早独立驯化的粮食就是稻和黍，根据作者列出的表格，其起源不迟于公元前七五〇〇年。历史堪称悠久。而毫无疑问的，这些率先发展出农业且优势明显的地区，在社会和文明的进步上，也具备了领先一步的明显优势，中华文明源远流长，积淀深厚，得益于稻米也多矣。

此外，豆类之功也该特别提出表彰，因为，根据戴蒙德的研究，稻米的蛋白质含量较低，如果没有豆类——也就是中国传统五谷中的菽的补充——在肉食不足的前提下，可能会产生一些营养上的重大问题。

此书谈及的另一个特别有趣的结论是："我们在现代没有能驯化甚至一种新的重要的粮食植物，这种情况表明，古代人也许真的探究了差不多所有有用的野生植物，并且驯化了所有值得驯化的野生植物。"不单植物，驯化动物的情形也是如此。

抄书至此，告一段落了。此书我初读大概在二〇〇二年，重读依然精彩无比，借此机会，乐为诸位读者荐。

辣到痛处成痛快

同事赠我糊辣椒,微信留言说:"是安顺关岭断桥糊辣椒,我们家人都觉得太好吃咯,就给大家带点。"

虽说是极其简陋的塑料袋包装,刚刚入手,便能闻到柴火烤过的味道扑鼻而来。不能等,晚饭做蘸水,立马用得上,跟所有好的食材一样,处理起来简单无比——小葱、蒜泥、酱油再加糊辣椒,在小碗里拌匀,足矣。

以前写过,好的糊辣椒,除了原材料的精挑细选,还讲究那一口"柴火味","稍微年长些的朋友都有类似的记忆,少时家中烧火,冬天铁炉子,天气转暖便烧灶台。家家户户,晾干或晒干的红辣椒是居家必备,吃饭前,扯几根下来,炕在灶头炉边,甚至就直接埋在煤灰里,烤至微脆,火候一到,扔进擂钵或者特制的竹筒里,三下两下舂碎,味道立马就出来,辣中带糊"。

如今铁炉子、土灶台在城市里早就消亡,自己烤辣椒已经不大现实。进一步说,市场物资丰富,鲜有寻觅不到的食物,现吃现买可也,确实犯不着自己费七八力去做。

譬如,在贵州人食谱上占有重要位置的辣子鸡。

我不时会开玩笑说，大多数的贵州人，都有至少两个根深蒂固、不容质疑的"文化自信"，即认为自己家乡的辣椒天下第一，自己妈妈做的辣子鸡举世无双，可见辣椒和辣子鸡的普及程度。归根结底，本地人每家每户都有自己特殊的制辣椒秘方，橱柜里，油、盐、酱、醋之外，一大钵自制的油辣椒，几乎是贵州家庭的标配，吃粉、做蘸水，全赖于此。海内外知名的油辣椒品牌"老干妈"，在本土市场上并不太受待见。而另外一个可以绝对肯定的事情，是油辣椒制得出色的家庭，辣子鸡烧来便不会差。

家庭自制之外，街头巷尾，经营辣子鸡的餐馆也随处可见，风头最盛，当属息烽阳朗鸡，实则后起之秀，成名至今，最多不过二十来年。特色是现选、现杀肥大公鸡，以高压锅烹制，所以速度快却能入味。机场路附近，还有家龙大哥辣子鸡有名，生意火爆，但是很奇怪，总店之外，到分店去吃，环境更好，装修更豪华，味道却老觉得不对劲。

其他形形色色的小店，更数不胜数，好吃者多了去。甚至很多菜场里也有炒辣子鸡的摊位，请人杀了鸡，开水烫毛，剥洗干净，拎将过去，便可现炒。懒得费那个事的，也可直接花钱买炒好的现成辣子鸡，且炒法各有巧妙。

还有一个鸡辣椒也是贵州特色，介于辣子鸡和油辣椒之间，换言之，它是放了鸡丁的油辣椒，或者说是油辣椒太多的辣子鸡。真是下饭隽品，如夹馒头食之，似更妙。大学时，同学偶尔从家里带来一瓶，风声传出去，等到饭点，寝室门口一定络绎不绝排

起队，关系好的同学，各穿一筷子至少两三个馒头，打好一钵汤，依次来食，往往一顿告罄。

贵州人嗜辣，世人皆知，至于个中原因，有个流传已久的说法，是认为气候潮湿，冬季阴冷，故以辣椒为食，抵御寒湿。

我却一向不大同意，阴湿多雨的地方何止贵州一地，就湿度和冬天的气温而言，东南沿海好几个省市都比贵州更甚，却偏偏闻辣色变，不敢亲近。

到现在还记得小时候浙江老家的二舅公来贵阳出差，带我上街，看见肠旺面，上面厚厚一层红油，惊叹不已，居然立马排队买一碗，让我吃给他看，更加诧异："嘎许小人，都能吃嘎许辣的面条。"

翻译过来，就是说："这样小的孩子，都能吃这样辣的面条。"

我自己对贵州人食辣有个解释，认为最根本的起因是缺盐，贵州不沿海，同时也少盐井，加之历史上交通不便，贫瘠落后，导致调味料缺乏，辣椒传入后，普及迅速。道理很简单：这玩意虽说辛辣，但的确太能下饭，于是发展出丰富的制作方式，并被发扬光大。要知道，较诸其他食辣之地，就我有限的见闻，贵州人制作辣椒的方式之多，应该名列前茅：糊辣椒、油辣椒、糟辣椒、干辣椒、阴辣椒、烧辣椒、五香辣椒面、糍粑辣椒、鸡辣椒……尚未穷尽，且每一味辣椒往往还有不同类别，创造力十足。

老友杜彦之最近送我一册《中国食辣史》，展卷便不能释手，一口气读完，其中最得我心的，便是作者曹雨也有同样的结论："辣椒食用的背景是缺乏食盐……是当地（指贵州）居民在反复尝试过多种代盐之物后的无奈选择。"

事实上，辣椒最早拿来食用的文字记录，也出自贵州的文献，并清清楚楚地讲明缘由。

康熙六十年，也就是公元一七二一年编成的《思州府志》，"海椒，俗名辣火，土苗用以代盐"。思州，即今天的酉阳、秀山、务川、沿河及印江一带。所谓"辣火"，形象地传达出"辣似火烧"的感觉。

辣到痛处成痛快，在我看来，本质上好的是这个痛快。

而康熙年间田雯所著的《黔书》也记载："当其（盐）匮也。代之以狗椒。椒之性辛，辛以代咸，只逛夫舌耳，非正味也。"

作者在研究后甚至还得出这样的结论："辣椒广泛地进入中国饮食，当始于贵州省。方志记载辣椒种植的时序也证实了这一点……辣椒的传入应该是浙江—湖南—贵州，贵州是传播的重要节点，在贵州，辣椒完成了从外来新物种到融入于中国饮食中的调味副食的过程。"

要知道，辣椒原产美洲，传入中国，大约在十六世纪后半叶，也就是明代隆庆、万历年间。曹雨认为，进入的路线可能至少有四处：广州、宁波、台湾和辽宁。

而辣椒来到中国，一开始只是一种观赏植物，"色红，甚可观"。

勇敢的贵州人民，开始将其端上餐桌。根据《中国食辣史》一书的研究，"辣椒在清代中国的扩散有一个由缓慢而逐渐加速的过程"，最初仅限于贵州东部和湘黔交界的山区，直到十九世纪才加速蔓延,到二十世纪初,从贵州向北扩散到湖北西部,向东扩散到湖南、江西,向南扩散到广西北部,向西扩散到渝州、云南、四川,形成了一个以贵州为地理中心的"长江中上游重辣地区"。

曹雨进一步探讨了因长期粮食短缺而造成的中国饮食独特风格,即少肉食、多菜蔬、重调味,"中国饮食中用以下饭的调味副食大致上可以分为三类,即酸味、咸味和辣味,且可以互相搭配"。而贵州碰巧是南方地区中最缺盐的省份,于是不得不在传统的调味副食中另寻出路,辣椒一经传入,"用以代盐",顺理成章。

此书精彩之处还有很多,限于篇幅,姑且打住,有兴趣者不妨找来读读。

末了还得讲个自身的经历,以证明辣椒下饭,绝非说说而已。

本人其实不大能吃辣,但每次出差时间长了,回贵阳的飞机上,空姐发放盒饭时,多会配给一袋苗姑娘"辣椒酱"或舀上一勺"老干妈"。实话说,不管再难吃的飞机餐,只要有辣椒出现,拌在滚烫的米饭里,立马就食之有味,须臾吃完,犹舔口舔嘴,意犹未尽。

以此推测,当年初尝辣椒滋味的贵州山民,大概也会有类似欣喜若狂的感受——"这是什么玩意,好辣……但是,好下饭……"

"三天不吃酸,走路打蹿蹿"

贵州人有句俗谚说:"三天不吃酸,走路打蹿蹿。"最后两字不知如何写,意思是形容连路都走不稳,姑以"蹿"字代之。

酸味在贵州饮食的传统里,有着非常重要的位置。一般认为,贵州人能吃辣,但须知辣椒进入中国甚晚,广泛食用则是清代的事情了,故嗜酸大概更能体现贵州尤其是贵州少数民族地区的饮食个性,而溯其根源,跟乡人食辣的道理一样,历史上贵州极度缺盐,导致不得不千方百计寻找其他味道。

贵州师范大学的严奇岩教授著有《竹枝词中的清代贵州民族社会》,他在书中写道:"酸是贵州民族菜的根本……这与贵州特殊的地理条件有关。因为酸既可解暑,又帮助消化……坛菜用荞灰的原因是缺盐,而荞灰合碱,可使味道顺口。"

熟悉黔东南、黔南的朋友也许知道,当地乡民制酸,颇保留着一些传统的办法,譬如白酸,即以清米汤置诸坛中,经发酵而得,并不需要加入食盐。而这,也是严教授书中的另一观点:"总体上,贵州在历史上长期缺盐,这是贵州饮食味道上的最大特点。"

此书引用清代李祖章《黔中竹枝词》:"山腰茅店客停车,

玉米为餐佐豆花。淡食难堪增占水，海椒烧罢洗盐巴。"作者自注说："途中有苞谷饭，菜多水豆腐，俗名'豆花'，并无豆油，以水泡盐块加海椒调食，谓之'占水'。缘黔中盐、布最贵，有贫民生平少服食者。"

这段记载生动之极，诗里提到的好几样东西贵州人都不陌生——苞谷饭、豆花、烧海椒，还有写成"占水"的"蘸水"。跟我们现在的吃法也大致相近，只是盐巴不再金贵，可随意放入，不再是小心翼翼地"洗"进去。

诗人的文字精练，倒是还有其他的记述可为佐证。

民国时期，地质学家丁文江先生留英学成归国，经越南入境，自云南、贵州、湖南一路游历考察，写下一册《漫游散记》，书中就有"洗"盐的详细描写："我一到了贵州境内，就只看见辣子，少看见盐巴（四川来的成块的盐叫作盐巴）。大路边的饭铺子，桌上所陈列的是，白米饭，辣子，豆腐，素菜，但是菜里面都没有一颗一粒盐屑，另外有一只碗里面放一块很小的盐巴，吃饭的人，吃得淡了，倒几滴水在这碗里，然后把这几滴盐水倒在饭菜里，得一点咸味。"

还有更夸张的："我从两头河到杨松的时候，在半路上'打尖'。一个夫子喊道：'老板娘！拿点水来放在盐碗里。'一个五十多岁的老妇人走了出来，慢慢地说道：'盐碗里放不得水的！放了水化得太快了。你们嫌淡，拿起来放在嘴里呷呷就好了。'果然那个夫子照她的话把那块盐拿起来呷了一呷。不到一刻工夫，

我眼见这一块盐在九个夫子的口里各进出了一次！"

明乎于此，你会对"来之不易"这四个字多一点理解。

贵州人嗜酸，在外名声最大的或许得数酸汤鱼。本是苗侗少数民族地区的特色食品，如今遍地开花，甚至跨省生根发芽，几乎成为最有代表性的"黔味"之一。

所谓酸汤鱼，即以秘制的酸汤煮鱼火锅，江团、江黄和黄辣丁最为常见，如今高档餐厅也选用鲈鱼等较贵重的食材，吃来却觉得文不对题。酸以红酸为主，偶见白酸，据说后者更正宗些。想想有道理，因红酸以西红柿调制而得，而此物进入中国甚晚，大约在明代万历年间，广泛食用应该还更晚些。白酸以米汤发酵，毫无疑问是远为古老的方式。我有个老友高君，娶了凯里媳妇，据他说，世界上最好吃的酸汤，首推他岳母大人所制："正宗白酸，直接喝，便是最消暑的饮料。"

凯里的酸汤也有名，如今多为红酸，西红柿熬成，不加油，用以煮豆芽、卷心菜、豇豆等蔬菜，待其凉，进得店门，未点菜先上一大钵，喝上一碗，胃口便开。

说回酸汤鱼，老饕高爷曾语我曰，他记忆最深的还是"食为先"，在上世纪八十年代末九十年代初开店，是贵阳最早一批专营酸汤鱼的商家，"硬生生在南明河的河道上，用密集地摊的方式，完成了对贵阳人进行早期酸汤鱼的味觉训练。他家的酸汤鱼里，放着一种外形像芹菜，但咀嚼起来更香、更脆的蔬菜。名字好像叫'广菜'，此后的酸汤鱼少有见到。特别好吃"。

略做解说,"广菜"学名叶用芋,多年生野菜,叶柄可食,我印象中黔南、黔东南较多,贵阳似无,不知早年间的店家从何觅来。

酸之一味,伴随贵州先民的年头到底有多久远,已不可追溯。从人类寻找并制造味道的原始需求,一步步发展成为标签性的美食。我的看法是,饮食之道,自古就不是件小事情,"民以食为天",老百姓的吃饭问题,是天大的事。从这样一个角度切入,走进贵州的历史之中,诸位一定会有所收获,进而更珍惜当下,迸发出更加积极奋进的热情和干劲。

温柔一刀属冲菜

冲菜，贵阳人也喊作辣菜薹，窃以为名副其实，尽管先行用开水焯过，仍然残留一点点冲鼻子的味道，别致又刺激。

此物实在是个再寻常不过的家常食品，常见的做法有二。一是焯水后切碎，以筒筒辣椒炝炒，最好用猪油炒，加少许肉末或者腌肉丁，热腾腾上桌子，直接舀几大勺子拌着米饭吃，不用其他菜，满足感就极强。二是凉拌，也得先焯水，冲劲之外，还略存清苦，也很下饭。

冲菜的滋味，跟某一类朋友相似，有些小小的清高，藏在平凡的外表下，甚至还有点小脾气，接触久了，觉得那些毛病都可视而不见，甚至还颇为欣赏他的独特个性。

类似有冲冲刺激滋味的食物，更有名的应该是芥末，最近十来年，随着"哈日"之风盛行，中国人也广泛接受。且不单是吃生鱼片、寿司时用来拌酱油蘸食，贵阳人有个发明，即以新鲜天麻切成极薄的片，也赶时髦取名为天麻刺身，也蘸这个吃。

说起来，天麻是贵州特有的中药材，成熟后呈椭圆状，晒干极硬，切片炖汤，《本草汇言》说其效用："主头风，头痛，头晕虚旋，癫痫强痉，四肢挛急，语言不顺，一切中风，风痰。"

老友小查，桐梓人，十几年前出差路过，提前联系了，但他当时在乡里工作，回趟县城不易。讲好在城边碰面，到了约定的时间，但见他搭乘一辆摩托车风尘仆仆赶到，满头满身都是灰，好不容易喘息方定，才知道他老兄找同事帮忙，摩托车坐了好几个小时，可惜时间太赶，匆匆在路边聊了十来分钟，便各自走人。记得当时他工作的地方叫黄连乡，好像海拔颇高，出产的天麻品质极好，他居然半年前就开始找老乡搜罗，给我弄了好几斤来。拎在手中，的确沉甸甸。

扯远了，说回冲菜，印象中四川人也吃，好像还腌制食之。没有尝过，不知味道如何，想必不坏。贵州与巴渝接壤，历史上受到其文化的影响不小，尤其往遵义地区走，感觉更强烈，不仅口音接近，饮食也颇多相似之处，譬如爱用花椒。不知有没有跟四川一样的腌制冲菜做法，还望遵义的朋友为我解惑。

另据江西的朋友说，赣南也有冲菜，当地人叫作冲鼻菜。听他描述，基本上没有太大区别，做法是用芥菜芯晾干切段，以开水滗过，捂一晚即可炒食。

大体上，我猜想冲菜应该也属于芥菜类，与山葵、辣根同属十字花科，且同样都有某种辣味或者说是冲味，严格讲，还是冲味更准确，吃过的朋友都明白的。一口下去，那股子冲劲从口腔直抵鼻端，甚至会上扬到脑门，神经大概也会有所触动，于是一口接一口，停不下筷子。比起日本式芥末的霸道，冲菜其实相对温柔，轻轻地弄你一下，分寸把握得恰到好处，外地朋友到贵阳来，不妨一试。

突然发现，某种程度上，冲菜跟贵州人的山民性格好像还真的有一点相似之处。

所谓山民之性，在朱厚泽先生《山之骨——回南国友人信》里写得再明白不过："钙，世之所珍。至于其人，山村野夫也。出身边陲，远离京华。无奈赤诚的良知乘时代的大潮被卷入风暴漩涡。沉浮之间，身影偶现，时而入人眼目罢了。野气未消，钙性难移，但恐所剩无几矣。"

"误食而生幻觉,就会着魔见鬼"

日本漫画家安倍夜郎的《深夜食堂》,一度风靡,华语影视界翻拍,分别为梁家辉的影版和黄磊的剧版,但是很奇怪,前者形象气质接近主人公,后者有相当不错的厨艺加持,且皆为颇具文艺范的优秀演员,偏偏还都在阴沟里翻了船。一经播出,原著粉大跌眼镜,查了下豆瓣,评分为5.1和2.8,都不及格。

窃以为,水土不服,生硬照搬,是翻拍扑街的主要原因。读过原著漫画的朋友都知道,其妙处未必在吃本身,只是借"深夜食堂"这小小天地,勾勒出小人物的悲欢离合,讲述人生的琐碎平常,如此而已。

最近读到中文译本的第十六卷,其中一个故事,讲到一个贵州人会感觉亲切的食物——说的是小胖子漫画家久保井不时光顾深夜食堂,点下酒菜,"他只喜欢用红辣椒炒煮过的蒟蒻"。

巧的是,最近读日本作家远藤周作所著的随笔集《狐狸庵食道乐》,也写到蒟蒻,"近来的小酒吧,几乎不再端出起司或鱼子酱等下酒点心,取而代之的是炖蒟蒻或豆腐渣之类的家常小菜,而客人也非常喜欢"。作者名气极大,前几年有部电影《沉默》

即改编自他的同名小说,由大导演马丁·斯科塞斯执导,据说曾主演《辛德勒名单》的连姆·尼森在电影里有很重的戏份,可惜我没看过电影也没读过小说。

不过,远藤周作的散文倒写得颇具个性,口气和味道确实像一个昭和时代过来的日本文人。譬如他大肆吹嘘大男子主义,提倡"荼毒婆婆"之类,倘在当下的中国,怕是要让喷子骂到噤声。呵呵。

话说回来,所谓蒟蒻者何物也?清人吴其濬所著《植物名实图考》"天南星"条说:"江西荒阜废圃,率多南星,湖南长沙产南星,俗呼蛇芋;衡山产蒻头,俗呼磨芋,亦曰鬼芋。滇南圃中,蒻头林立,南星绝少,药肆所用,皆由跋也。由跋自是一种。《唐本草》谓南星是由跋宿根所生,验之亦殊不然。而南星与蒻头,根虽类,茎叶花实绝不相同……南星生叶亦有两种,一种叶抱如环,一种周围生叶,长如芍药,开花有如海芋者,即《图经》所云花似蛇头,黄色,一种开花有长梢寸余,结实作红蓝色,大如石榴子,又似玉蜀黍形而梢微齐。"

说实话,没敢说看得特别明白,但有一点很清楚,就是所谓蒟蒻,所谓天南星,跟贵州的魔芋,或有品种的差异,但同属一个种类。魔芋可食用的部分为其块茎,富含淀粉、氨基酸和各种有益微量元素,被认为是一种低热量、低蛋白、高膳食纤维的理想减肥食品。

话说回来,任何食物用科学化的语言描述,顿时叫人食欲丧失,倒是贵州人善于以魔芋入菜，值得多说几句。本地人在魔芋后面加上豆腐二字，盖形容其成品形状相近也，魔芋几乎无味，烹饪时须下手重些，如炒食的话，切做块状或条状，与辣椒、葱、姜、蒜、酸菜等猛火炒之，趁热起锅，嚼口别致，类似较富韧劲的果冻那种口感。

也有直接过水烫过上桌的做法，以特制的糊辣椒蘸水蘸食，风味清淡，夏日炎炎，食欲不振时，是个颇为适宜的开胃小菜。

贵州人吃火锅、烧辣子鸡，魔芋也是一味常见的配菜。但得稍微多煮些时候，使其稍稍入味。还有一种不知外地有没有的搭配方式，即炒小龙虾时加入魔芋，吸进汤汁，吃毕小龙虾，捞而食之，简直妙绝。

贵州人还做魔芋皮，薄薄一张，表皮粗糙有气孔，不仅增加了爽脆的口感，更使之能轻松吸收味道，叫人感叹劳动人民的智慧无穷。而魔芋亦可急冻，起小孔，目的也是使之易于入味。

四川作家流沙河撰文谈魔芋，考证颇细致，谓其块茎"有毒。误食而生幻觉，就会着魔见鬼，故名"。我倒有个猜想，是魔芋制作过程中，须先将块茎磨碎，用水洗去汁液，加入石灰，煮沸后再凝结成块。其状似芋，制作须磨，因得名磨芋，而"磨""魔"同音，久之则讹，好像也说得通。

"马屎坨"不可以貌取

某年两会期间,媒体有报道曰:"贵州代表团首场集中采访活动上,两位身份同是市长的代表金句频出,你一句、我一句,飙起了'戏'。"其中一位在六盘水市任职的领导讲道:"跟遵义比起来,六盘水的农业条件比较'可怜'——遵义是贵州省最好的粮仓,六盘水是贵州农业条件最差的地方。不过,六盘水抓住了重点产业规模发展,我们的猕猴桃有十八万亩。十元一个,在香港被一抢而空。"

因为吃过,所以懂得。绝对要附和一下。六盘水的红心猕猴桃,的确配得上任何的赞美,其上品丰美多汁,切开来真能看到一颗"红心",甜酸度刚刚好,且绝无一般猕猴桃常见的那股扎嘴巴的味道,可惜佳品难求,偶尔得尝,为之惊艳者再,至今不忘。

猕猴桃之名甚雅,为吾国所原产,历史久远。偶检案头书,清人吴其濬著《植物名实图考》,好几处提到此物,值得一抄:"猕猴桃,《开宝本草》始著录,《本草衍义》述形尤详。今江西、湖、广、河南山中皆有之。乡人或持入城市以售。《安徽志》:猕猴桃,黟县出。一名阳桃。九十月间熟。李时珍解羊桃云:叶大如掌,上绿下白,有毛似苎麻而团。此正是猕猴桃,非羊桃也。枝条有液,亦极黏。"此公观察极细微,虽为北人,长期在南方做官,留下这一本妙不可言的著作,可惜对猕猴桃的果形、果味缺乏描述,不免遗憾。

今时所食的猕猴桃,大概早经人工选育改良,较大而饱满,壮实且肉厚,跟我小时的记忆大为不同。猕猴桃的别名甚多,有阳桃、毛桃、山洋桃、毛梨桃、奇异果等等,窃以为都不够形象,鄙乡土人,径呼为"马屎坨",盖因土品种的猕猴桃,样子不好看,个头小,表皮覆着一层绒毛,颜色则青不青、黄不黄、灰不灰,皱皱巴巴,看起来跟马粪的确有几分神似,老百姓的智慧和幽默真了不得。不过,民间有谚语说"马屎外面光",意指中看不中用,而这个"马屎坨"大异其趣,不好看,但好吃,几乎可说是内秀了。记得大都偏熟,拿在手里软塌塌的,更不能久存,现在市面上好像完全见不到了。

类似的水果还有杨梅,幼年时所见所食,皆为老品种,树高而果小,味偏酸,一般人吃上十几二十颗便倒牙,大概上世纪八九十年代,引入科技品种,直接就喊作"科技杨梅"。

犹记贵阳永乐乡阿栗村,远近闻名,十多岁时,在农业部门工作的父亲带我去玩,刚进村子,便看到一颗大杨梅树,忙不迭爬上去,拣大粒殷红的吃,不几颗就酸到龇牙咧嘴。忽听人喊,赶紧下来,才知道吃错了,要尝的是浙江引进刚挂果的"科技杨梅",矮树种,杨梅又大又红,几近乌黑,结得密密麻麻,边摘边吃,大快朵颐,至今还怀念。如今也跟猕猴桃一样,土货罕见,偶尔碰到,怕酸不敢买,倒是好酒的朋友说,泡酒还是得这个好,因其有杨梅味也。

昔日"马屎坨",今天成为农民伯伯发家致富的"金疙瘩",值得衷心鼓掌。留下小小遗憾,现在的小朋友,不要说没见过土猕猴桃,更不知马粪为何物,想解说一番,都不知从何谈起。

饮食无非人情

唯烧烤与啤酒不可辜负

以色列历史学家尤瓦尔·赫拉利的《人类简史：从动物到上帝》是这几年大热的书，其中讲道："在踏上食物链顶端的路上，使用火可说是迈出了一大步。早在大约八十万年前，就已经有部分人种偶尔会使用火，而到了大约三十万年前，对直立人、尼安德特人以及智人的祖先来说，用火已是家常便饭。这个时候，人类不仅用火当作可靠的光源和热源，还可以用这项致命的武器和不怀好意的狮子一较高下"，"火带来的最大好处在于开始能够烹饪"。

而几乎可以肯定地说，烧烤是人类最早发明的烹饪方式之一，是残留在人类基因里的童年记忆，古已有之。按照这个逻辑往下走，也许便可以解释为何我们偏于此道，情有独钟，欲罢不能，甚至"世间万物皆可烤"。

话说某年立夏前后，天气不给力，迟迟不能晴暖，阴雨绵绵，持续甚久。有朋友却已按捺不住心情，开始组织户外烧烤。说干就干。在花溪松柏山水库租了烧烤摊位，热忱的朋友们事先备好料，开几件啤酒，于烟熏火燎中开吃。

根据经验,最受欢迎的永远是各种肉,特别是肥厚多汁的排骨,一咬一嘴油,令人陶醉,虽然现在也真的吃不了太多。我每想先祖们打猎成功,缺盐少酱、半生不熟地烤将起来,也是这一口饱满的滋味最称快意,安慰人心,疗饥止馋。接下来是豆腐和土豆,而蔬菜几乎无人问津。

关于烧烤,我们这一辈人接触得不算早,原因很简单,毕竟出生在计划经济末期,肉可不是一个敞开供应的商品。犹忆幼时,冬天家里灌制香肠,剩下一点肉,母亲就火上烤熟了,给我们尝尝鲜。现在回想,其实味道并不甚佳。有过腌香肠的经验便知道,里面要揉进去料酒,加之口味偏咸,只能说杀杀馋虫而已。

比较正式地吃烧烤,印象中应该在大学时代。花溪水库一带,每逢休息天又是好天气,远远就能看到上空飘浮的烟雾,一堆堆一处处都是烧烤点。我碰巧与几个物电系的理科生同寝室,他们心不灵而手巧,乐意制造工具,于是便买了铁丝,花几天工夫,楞编出一个不算漂亮却实用的烧烤架。廉价的鸡皮、鸡翅、猪牛肉,配上劣质红酒,足够我们大快朵颐了,至今相册里还有不少照片为证。如今城市管理日趋规范和严格,昔时盛况,已不可睹矣。

还有个值得一说的,是出差去韩国的往事。二〇〇二年,韩日世界杯期间,我被单位派到那时还叫汉城的首尔采访。物价甚贵,更乏肉食,偶尔打牙祭,最喜欢的就是当地日常百姓乐去的烧烤店。

烧烤店在汉城几乎随处可觅,面积通常不小。入座后,侍者在炭火上搁好铁架,猪、牛里脊肉必不可少,因其他也基本没有什么可选的东西了。肉皆为巴掌厚的长方条,经火熏炙,旋即滋滋作响,香气扑鼻,翻过一两次面后,侍者随即拿快剪截为小段,再略加翻烤即可食。吃时蘸辣椒酱,辅以大葱,取生菜一张卷而食之,大概是为解其油腻的意思。过了肉瘾之后,佐以白米饭一碗,海菜汤一钵,泡菜一碟,极饱,而一人所费不过万余韩元,当时的汇率,换算成人民币七十元上下。

韩国人吃烤肉甚有豪气,全不似平素温文尔雅的模样,标配除啤酒外,还喝一种当地所产的"清酒",半斤装小瓶约合人民币五到六元,酒精度甚低。韩国队历史性地闯入世界杯半决赛当晚,汉城街头所有烧烤店都免费赠饮此酒。我躬逢其盛,被一拨素不相识的韩国汉子拖住喝至天亮才放归,且执意要将我们送回酒店,敞胸露怀,脱略形迹,一路高歌过市。临到告别,我和同事老刘一脚踏进电梯,门犹未合,但见几个韩国汉子深深作揖,恢复谦谦君子形象,礼数周到。

酒酣耳热,击节而歌,倒真是烧烤店里该有的光景。

还想起一件事,是据名作家汪曾祺先生的公子汪朗说,"烤"本是民间俗语,有音无字,后来北京城里有名的"烤肉宛"老板恳请齐白石题字,老爷子大笔一挥,发明了这个"烤"字。我十几年前慕名前去,早不是梁实秋文章里描写的模样,院子中间加上"大支子,十几条大汉在熊熊烈火周围,一面烤肉一面烤人"。有照片为证,是不知何人拍下的陈垣等诸位大学者,手执长逾三十厘米以上的筷子,一脚踩在长凳上,围站而食,背后的一块店招清清楚楚写着三个大字——"烤肉季"——系与"烤肉宛"同时代齐名的北京知名馆子。现在倒好，后海的烤肉季虽说还在，却跟一般餐馆无别，坐下点菜，烤好的羊肉装在盘子里端上来，就着烧饼吃，滋味尚好，气势和氛围则远不足矣。

来自民间的吃食，需要民间的智慧加以发扬光大，上面所说的，算是一个例子。而据历史家称，十三世纪之时，蒙古人的铁骑一度征服高丽，大概因此而导致韩国人烤肉文化的复兴，话说回来，北京人吃烤肉，恐怕也一样少不了所谓游牧民族的熏陶。

烤肉须自助，这一点非常重要，方可略为残留些原始人的意味。毕竟，从人类漫长的发展历史来看，我们成为文明人的时间非常短暂。

看到纪录片《人生一串》后，更觉得我的结论不错，相信多数朋友都会同意，中国人的宵夜选择，首推路边巷尾、烟熏火燎的烧烤摊。

日本漫画作家安倍夜郎在《绿洲食堂》一书中说，自己绘制《深夜食堂》的小店原型是大阪阿倍野区天王寺町南面的橹餐厅，"在十个吧台座位的狭小空间里，店家老哥一个人在忙碌着……那里午夜十二点才开门，一直营业到早上……店里的顾客都特别有意思，有我这样的艺人，也有可人的妈妈桑，嗯，好像还有出租车司机，各种各样的人都来。店里就像是人间的万花筒，烟火气十足"。

在中国，这样"烟火气十足"的地方，便是烧烤摊。

之所以说烧烤摊才是中国人的"深夜食堂"，还因为，真正口碑爆棚的烧烤摊并不在白天营业。记得贵阳盐务街拐过去挨近省政府后面的那一段，有个机关宿舍的小巷子口，每至下午五六点钟，就有家烧烤摊开工。中年夫妇两人，一个烤，一个点单、收钱，卖到晚上十点多售罄收摊。生意络绎不绝，几个朋友，靠着路边，取塑料凳子坐下，方形铁盘子端上来，再加几瓶冰啤酒，便可天南海北胡侃起来，消磨一两个钟头。

我家曾在附近，夫人爱吃烧烤，一度几乎每周光顾，不喝酒，主食则在旁边的菜市场买两个馒头，夹着烤得滋滋冒油的肉筋或者半肥瘦肉吃，简直不要太香。

再一个熟悉的烧烤店，比较高级些，在安云路里面，室内可摆十来桌，那就不只有烤肉串了，还能烤海鲜、烤蔬菜，甚至供应好几种粥。有几个住在附近的朋友，特别喜欢十一二点上门，一般在此前就已喝了不少，落座后打电话，抹不过面子，也只好赶去，其中一位，几乎总在我到之前彻底醉倒，进门一问，答案一定是："扔车上睡了。"

此后再约，我也必问："某某是不是已经上车睡了？"

某次，此公居然亲自接过电话，声音还清醒："不睡不睡，等你来。"

结果你一定能猜到，打完这个电话，也耗尽了他最后一丝理性，立马颓然醉卧。

十几年前，我在报社当夜班编辑，签完版面，总在深夜一两点钟，同事相约，都要去吃些夜宵，肚子饿固是理由之一，聊聊天、喝喝酒、解解乏或者还更重要。去处则无非烧烤摊、大排档、粉面店之类，菜品七七八八，顾客形形色色，来时三三两两，去已偏偏倒倒。

有一点跟日本的"深夜食堂"绝对不同，那就是陌生人之间很少会搭讪，孤身上门者，多半只是纯粹地吃点东西充饥，速战速决，相约而来者，也都各自成堆，不与旁人相涉。

不知道算不算是中国式"社交"的特色，记得费孝通先生在《乡土中国》里就讲过，中国乡土社会的一个特点就是："这种社会的人是在熟人里长大的。用另一句话来说，他们生活上合作的人都是天天见面的……我们自己虽说是已经多少在现代都市里住过一时了，但是一不留心，乡土社会里养成的习惯还是支配着我们。"

告别夜生活久矣，偶尔依然会想念，尤其是那些老熟人。

一饮一啄无非乡思亲情

老友某君,毕节人,在微信上读我的专栏,批评我说:"为何不写写我们毕节的和菜,改天请你品尝一下。"

所谓"品尝",跟我这种写美食专栏的作者一样惠而不费,发来一篇文章,读得我口水滴答,恨恨不已。盖冠以"改天"一词,必定遥遥无期。

老友写道:"和菜是冬日每家的传统菜品。做法简单,火炉上放一织金铁锅,用少许油将糍粑辣椒和葱、姜、蒜炒熟,加水和几瓢猪油成大锅汤,瘦肉、白菜、洋芋片等一起煮。铁锅上搭一木板,上面放着最具毕节特色的蘸水。这蘸水有多种做法,有放糊辣椒面和盐,佐以金沙禹谟醋;有的放入细辣椒面、地道的大方豆豉粑,加入少许酱油;条件好的炼点脆哨,切细,加点辣椒面、折耳根和芫荽。一家人围坐炉边,边吃边蘸,边吃边聊,炉烟、水汽、菜香、笑声弥漫在屋中,久久的,久久的,升腾起一缕缕虎踞山下的思恋。"

这是好文章,而且深得一饮一啄的真意。我说过很多次,所谓饮食,无非是两件事,一是乡思,二是亲情,从他的文字里面,都能读得到。

和菜，也有写作"合菜"的，前几年，文昌路上，也开得有一家毕节风味的合菜馆子，有朋友特地相约去吃过，做法相类似，唯独又辣又油，肠胃有些受不了。且家常火锅其实更适合"家尝"，一家老幼又或者三五好友，围炉闲聊，不紧不慢，随添随煮，那种乐趣可绝不是餐馆里能有的。

毕节的美食，我个人最偏爱者，无疑是康家脆哨面。面系特制的鸡蛋细面，滚水快煮，将将熟便用竹篓子捞起，奋力甩干，不留水分。扔进碗里，加脆哨、辣椒面、葱花、酱油、醋，最后淋上一勺热油。接下来就讲究了，食客到手，得迅速拌匀，配上一碗紫菜豆芽汤，面劲道，哨子又脆又香，光是写着都忍不住流口水。

而康家脆哨面早就不属于毕节人民的专享了，据说当初创始者的几个儿女分家，有人迁居贵阳开店，完完整整地将其移植过来，味道一模一样正宗。我比较熟悉的一家，就开在法院街上，正巧在我父母家楼下，时不时便去光顾一把。早年间，主勺的老板还在世时，可说是街上一景。老板五十岁左右年纪，任何时候收拾得干净利落，梳一个大背头，发油打得油光铮亮，唇上留一撇小胡子，器宇轩昂。看他煮面、甩面，动作干净利落兼具从容潇洒，真是一种享受。

偶尔也会遇到老板炒制脆哨，所用的猪肉偏瘦，切得极细小，更入味，也更香脆，十年前，差不多就要卖到一百五六十元一斤，

且非极熟的客人不卖,卖也最多只卖半斤。买回家当零食吃,下茶、佐酒皆宜,而且是非常奢侈的零食。

说起毕节,还有一个难忘的记忆,是当地出产的萝卜非常好吃,每到冬季打霜过后,味道更隽。曾经有那么几年,经常到毕节出差,当地朋友请吃饭,先上一大盘片好的生萝卜,甘脆多汁,往往还要添补。我赞不绝口,不料结束公务,告辞上车,朋友给了个惊喜:"知道你喜欢,所以早上专门到地里弄来几麻袋,已经放在后备厢了,拿回去慢慢吃。"

感动莫名。回到贵阳,把几大麻袋萝卜扛到单位一楼大厅,打开看时,萝卜上沾着的泥土还带着新鲜潮湿的气息,好几十斤,根本吃不完,于是分赠同事,皆得一尝其鲜,恰是陆放翁诗里所写的景象,"时分菜把饷比邻"。

严冬将至,想起毕节的萝卜,真觉得当年朋友馈与此物,其中何止是泥土气,更是中国乡土社会的人情物态,而这个,也正是美食里面最感动人的滋味。

爱吃猪油就别怕贴膘

前不久整理冰箱,发现一大块猪肉,肥瘦相间——半边肥的,半边瘦的。解冻之后,将肥的部分撇将下来,足足三指四指厚,肉质倒还不错,是春节前朋友九角在农村专门杀的一头年猪,据说喂到三百多斤,膘肥体壮,光看这层肥肉,便知不假。若非养尊处优、多食多睡、无忧无虑,不能臻此境界。

稍微思忖下,便决定了用途,即熬油。

虽说久未操作,并不生疏,洗净上案板,切作指头大小,有一点很重要,下锅时,记得加一小碗水,这样便不会糊锅。不能急,小火慢慢来,眼见着油一点点熬出来,肥肉块渐渐变小、变黄、变脆,关火,沥出油来,待其冷却放冰箱,剩下的油渣可不能浪费,而做法也无比简单。

早就想好了,备了干豆豉,将就锅底的油,爆香蒜片和筒筒辣椒,加入油渣和干豆豉同炒,略撒盐甚至不撒盐都可,最后加入葱段、蒜苗,趁热下白饭吃,真心香。

年过四旬,说实话,要警惕成为油腻中年,所以一般饮食上尽量少油、少盐,但猪油一味,却长期不会缺少,贵阳人清楚,

早上煮粉煮面,挑一筷子进去,味道便大不同。

小时候,放学回家,妈妈还没来得及炒菜,肚子却等不得,有时便盛一碗热腾腾的白米饭,加一小勺子猪油,再浇上酱油,撒几粒葱花,三口两口刨下去垫一垫。这是很多同龄人共有的经历,长大后没有尝试过,倒不是没有机会,是不想破坏美好的记忆。

我爱读香港蔡澜的专栏,他也热爱猪油。据说有记者采访问他,最无聊的一条养生建议是什么,答曰:"不吃猪油。"

未知真假,倒是读他的美食文章,其中确有记载,切实不虚。

蔡澜先生在《猪油才是王道》一文中写道:"对于猪油的热爱,和许多老一辈的人一样,来自小时候吃的那碗猪油捞饭,在穷困的年代中,那碗东西是我们的山珍海味,后来养在生活环境好的孩子不懂,夏虫语冰。在繁荣稳定的社会中,猪油已被视为剧毒,它是众病根源,活生生的胆固醇,一碰即死。也许是肥胖的猪给的印象吧?猪油真是没那么坏,相信我,我吃到现在已七十年,一点毛病也没有。你坚持吃健康的植物油?我也不反对,我只是说植物油不香而已。"

没错,猪油的香味别致,无可取代,清炒蔬菜,点缀少许,被热气融化,鼻子里闻道到淡淡的油香,一碟平平无奇的菜,立马提升品质。说实话,没这一点猪油,还不如白煮了或者干脆生吃,索性健康到底。

老友杜彦之,经营一个叫作"三里良食"的品牌,卖猪肉兼周边产品,疫情稍稍缓解,某日去他工作室聊天,告别时,掏出一小瓶子东西赠我。说是秘制，最宜佐面条吃。

第二天起床给女儿弄早餐，想起彦之兄的秘制，煮好手工宽面，捞进碗里，加完调料，打开瓶盖，挑出一筷子拌到面里。嗯嗯，我得说，异香扑鼻，文字不好形容，但有事实摆在那里，我那个颇为挑嘴的闺女，最近一个多月，每周吃五到六次面条，每次都得加此一物，否则不吃。

说来并无秘密，猪油所制，加入红葱头和蒸过的干贝炸脆，几种香味混合，便成无上妙品。特地微信问了，目前正准备量产，我成了第一批"实验对象"。

不过不要紧，就算不会量产，配方已得，实在不行，我便自己动手，照样丰衣足食。

特地买了几瓶分赠友好，其中一位顾君，非常给面子，次日中午便拿来下面条，就着也是我送的日本作家藤泽周平的《黄昏清兵卫》一起享用，微信语我："这日子幸福指数飙升。"

因有冷食留野趣

恰逢清明，庚子年不同以往，受疫情影响，贵州省民政厅发文，将暂停公墓祭扫等聚集性活动，提倡敬茶献花、网上追思等文明祭扫方式。

鄙人单位原本每年举办的清明节传统文化活动也响应号召转到线上，主题为——"一'点'心香，遥寄哀思"——"点"字双关，是一点点的那个"点"，也是手指点击的"点"，号召粉丝转发海报、撰写寄语，托付对故去亲人的怀念。

实在地说，中国人清明扫墓，除了拜祭故人，还有另外一层意思，即顺便趁着春暖花开，踏青漫游，其中自有乐趣，不可取代。

自我小时候起，清明节上坟，就是小孩子最热衷、最欢迎的聚会。早早便兴奋起来，盼着这一天不要下雨，天清气朗，痛痛快快玩一回。而对大人来说，可远不是那么轻松，因扫墓还有个携食物到户外冷餐的传统，必须提前预备，工作量可不小。

提前几天商议，各家领走任务，分头落实。

凉粉面、小炒、蔬果、卤菜、辣子鸡、糕点、馒头、糯米饭……我母亲姐妹五个，做菜的手艺都还不错，皆有所擅，各展身手。

等到清明节当天，在约定地点时间集中后，大包、小包拎上山。

点烛上香，插好坟标，清理干净，依次磕头，这才找处阴凉地，铺开几大张报纸，摆上吃食，喝酒的姨爹们独占一席，细嚼慢呷，得吃上个把小时。至于我们这些小孩子，三下两下，早早填饱肚子，在山林野地里打闹起来。记得还曾带风筝去放过，苦于地形所限，拉不开架势，放不了多高。

这家族传统至今保存。我们家倒不大讲究非得凑到清明前后几天去，所以比较从容，一般都会稍晚数周，选一个风和日丽的周末，宜于户外久坐。准备的有几味食物几十年不变，其中最富地方特色也是女同胞们最喜欢的是凉粉面，虽曰野餐，配料却一样不能短少，瓶瓶罐罐一大堆。

话说贵州人食凉粉面从来讲究，葱花、蒜泥水、折耳根、油炸花生米、酸萝卜颗颗、脆哨、油辣椒、酱醋麻油、榨菜丝、绿豆芽、肉末、盐菜、大头菜丁……林林总总十几样，不比任何一家摊贩的水准逊色，要说下料足、食材好，甚至有过之而无不及。

记得小时某次上坟，我最小的一个表妹捧着搪瓷钵钵大吃凉粉面，可能是贪心图多，剩了小半钵没吃干净。反正是在野外，索性一倒了之，但见她右手紧握搪瓷钵钵的把，奋力向上一甩，在重力的作用之下，残汤与剩水，面条与葱花，形成一条抛物线，浇得满头满脑，挂着面，滴着汁，惊愕片刻，放声大哭，我们这些表兄、表姐毫无同情心，只顾哈哈大笑……至今仍是家人聚会时会谈起的典故。

话说清明冷食，由来久矣，吃凉粉面最为应景。一般的看法，说是春秋时介子推隐居绵山，晋文公放火烧山逼他出来做官，没想到介子推倔强，不肯就范，遂为烧死云云。后世纪念他，三月五日禁止生火，遂形成寒食习俗。学者研究后并不同意这传说，譬如裘锡圭先生《寒食与改火——介子推焚死传说研究》就认为寒食的本源是来自"改火"之俗，即先熄灭火种，再重新点燃，以使火所代表的生命得到净化，避免疾病和其他灾祸的风俗。

说回来，凉粉面还真是贵州人或者说西南地区常见的食品。老少咸宜，甚至四季不忌。早在唐代，杜甫客居成都时，便写过《槐叶冷淘》诗云：

> 青青高槐叶，采掇付中厨。
> 新面来近市，汁滓宛相俱。
> 入鼎资过熟，加餐愁欲无。
> 碧鲜俱照箸，香饭兼苞芦。
> 经齿冷于雪，劝人投此珠。
> 愿随金騕褭，走置锦屠苏。
> 路远思恐泥，兴深终不渝。
> 献芹则小小，荐藻明区区。
> 万里露寒殿，开冰清玉壶。
> 君王纳凉晚，此味亦时须。

所谓冷淘，也是凉粉面一类的东西，唐时即有以槐叶揉汁加入其中的做法，可见其由来已久，倒不是近人的发明。愚人著《川菜：全国山河一片红》谓，这一吃法乃是自京师传至民间，未知靠谱不靠谱，我是不大相信。倒是愿意猜想，倘在古代，有达官贵人吃腻了珍馐美肴，偶尔沾此一味，肯定倍感清新爽口。

最近有点点倒春寒，乍暖乍凉，似乎尚不宜做凉粉面，稍待一两周天气稳定下来，不妨一尝。

所谓柴火味，正是人间烟火气

某年国庆节前两天，老友陈晓龙送来笋干数袋，晚上微信我，发了一大堆图片，证明是自己亲自采摘并制作，还留言说："这是秋笋，海拔一千米以上的青竹产的。总共只有七十二斤，三个老男人冒着雨去掰笋，顶着浓雾摸黑下山，命是保住了，结果全感冒哦……"

语带哀怨，汗水和泪水齐飞，情谊与礼物并重。借此谢过。

笋干是好东西，曾在文章里写道："本地笋子品质不错，足供我辈大快朵颐。以前交通不便，鲜食经长途运输，变质、变味，往往只有制成干货，笋子亦然，况其产季短暂，非如此不能长期保存。而笋的可贵也在于此，即使不再鲜嫩爽脆，仍然别具风味，更有嚼劲，层次丰富，只要烹饪中处理得宜，其美味绝不逊色于'青涩'的鲜笋，在我看来，甚或还有过之。打一个或者不算恰当的比方，好的干笋几乎可说有某种'大叔范'。"

贵州制作笋干，讲究大火快烘，去其湿气，与之相配的，顶好是腌肉，尤其以腌猪脚为佳，同煮一锅，热气腾腾，扑鼻而来的，有一股特殊的柴火气，引得吃客口涎直流，食指大动。

人类与动物的不同之处,其中之一即是否会烹饪食物,于是饮食成为文化,代代相传,不断创新,千奇百怪,层出不穷。如何在食物的本味之上,通过巧手烹制,将其他的味道调和进去,创造出层次复杂却绝不违和的滋味,是一门非常精微的学问。人类繁衍,生生不息,这门学问也跟着日益发展。

贵州人似乎特别善于制造"柴火"之味,且往往以此为标榜,譬如,随便找一处菜市场,贩卖干货的店铺里,必定有大袋大袋的"柴火辣椒"放置在最显眼处。所谓"柴火辣椒"其实就是一般讲的糊辣椒,也即辣椒烘干捣碎而成。

稍微年长些的朋友都有类似的记忆,少时家中烧火,冬天铁炉子,天气转暖便烧灶台。家家户户,晾干或晒干的红辣椒是居家必备,吃饭前,扯几根下来,炕在灶头炉边,甚至就直接埋在煤灰里,烤至微脆,火候一到,拍干净灰尘,扔进擂钵或者特制的竹筒里,三下两下舂碎,味道立马就出来,辣中带糊,窃以为,这就是"柴火味"。如今家中无处炕糊辣椒,直接买现成的吃,"柴火味"也就成了一种记忆中的味道。

贵州人非常熟悉的柴火味,还有一个重要代表,那就是夏天常见于饭桌的凉拌烧茄子,说是茄子,其实不止茄子,还有西红柿和青辣椒,要点是事先在炭火上烤过,外皮略呈焦黑,待其稍凉后,细细剥掉,辣椒去籽,撕成长条,茄子同样撕条,西红柿捣碎,加酱油、醋、盐、葱花、大蒜等调料,拌匀即可。

此味非常爽口而且下饭,残存的一点"火气",是这道凉菜的精髓所在，吃过的都知道，至于没吃过的外地人，强烈建议尝试一下，只是如今家中没有炭火、柴火，放煤气炉上烤也不是不可以，嘴巴里吃出来的"火气"，却不那么地道。

还有柴火鸡，印象里是近些年来才突然兴起的吃法，其实也就是传统的辣子鸡做法，但店主要强调的是，炒鸡时所用的乃是柴火，而非煤气或者电炉。实话实说，去过好几家，甚至也到厨房确认了燃料并未糊弄人，但吃来也并没觉出多大区别，不知是味蕾不够发达还是隔了锅柴火不能入味……总之平淡无奇。

话说回来，中国人在处理食物时的讲究很多，甚至连燃料的选择，也要顾及。最著名的例子，是北京烤鸭，必须果木烤制，您若不信，到北京街头看看便知，烤鸭店门口，少有不写明"果木"二字的，直接用在招牌里的，也所在皆是。而贵州人喜欢吃的老腌刀，也需松枝熏制，方得正宗。

柴火、果木乃至炭火，给食材增添的味道，在我看来，正是人间烟火的气息，懂得这个，才能懂得品味。

最后，得谢谢送我笋干的晓龙兄，眼下笋子已经泡上了，还得换几道水，待其略去柴火气后，与蹄髈同烧，方对得起你们的悉心操劳。肉熟汤浓，饱食一顿，增加营养，亦可增强抵抗力，预防感冒。

记忆里的"香蕉"分外甜

记忆总归不大靠得住,有研究说出于某种保护机制的左右,我们会有选择性的记忆忽视和自我免疫能力,而获选者多为好的回忆。

最近有机会到二十来年前就读的母校吃了几顿饭,席间新雨故交,相谈甚欢,而话题总离不开那点校园往事。记得我读大学时,全校学生不过三千来人,一届不超过八百学生,如今早已扩大到数万人的规模,新建部分堂皇气派,却始终感觉隔阂,倒是幸亏老校区还在,据说曾经一度想砍掉的老树也未能尽砍,大模样基本如故,往事历历,涌上心头。

我的青春期记忆,跟饮食有关的似乎特别多。深情回顾,老是会泛起一股子浓浓的油烟味,不晓得是不是和那年头总是不知餍足有关系。

上世纪九十年代,商品经济已经颇为发达,学校食堂之外,林林总总还有不少个体经营的小店,我所住的宿舍楼背后,便是著名的小吃街,炒菜粉面,一应俱全。只是囊中羞涩,真去光顾的机会不多。

自幼习书，在学校也还薄有名气，所谓技不压身，很快便派上了用场，到我毕业前夕，小吃街上，起码三分之一的店家的牌匾或者价目表出自我手，油漆涂料墨汁，无不有之，各色各体，颇可夸耀。当然，没有润笔费可收，好处是有一顿好饭吃，且借此跟老板结识，平时上门，点一碗面条，比其他同学的分量总要多一点，这便在肉体和精神上都多出了不少饱足感。

二十多年前的时尚，流行港台式的长发，我也不例外，迎风飘扬，以为美甚。前不久碰到一个同时期的校友，自我介绍毕，他突然猛醒似的指着我几近"劳改犯"式的短发："我想起来了，你以前留长发，到小吃街吃面时，一手拿筷子，一手得把头发捋起来，不然就掉到面汤里面了。"一边说，还一边比画，当着一大桌子朋友说这样的不堪往事，得承认内心是崩溃的，却只能尴尬赔笑。

说到大学时的美食，有两件尤其记忆深刻，想必前后同校的师兄姐弟妹们都会赞同。

第一个，是粮油站旁边的早餐摊点，有一家成都锅盔，热腾腾、油锃锃，略加肉末葱花，淡淡地带一点花椒味，一元一枚，狠狠心买两枚，吃下去腹犹缺然，当时的理想之一，便是有钱了狠狠吃个够。工作以后，在大西门发现一家，在民生路也发现一家，味道美妙，到现在也还喜欢吃，偶尔会去买一枚，一枚足矣。

再一个，大概是本校学生独占的记忆。每至晚间，小吃街某大叔便支起一口油锅，专营各种油炸食品，常见的比如火腿、香肠、豆腐、洋芋之类，也只寻常，其最具特色也最受追捧的，是一味油炸香蕉，以面糊层层裹之，色泽焦黄，香甜无比，兼能充饥，真可谓穷学生的恩物。老板对人，颇有亲疏之别，有个传说，传他家有亲戚是中文系的老师，所以对系上的学生要偏心照顾些，而方式也特殊：炸时会多选大只一点的香蕉，且多裹上一层面糊，越发地"饱满壮硕"，持而啃之，昂然过市，大概脸上不无几分傲娇之色。

这么多年过去，唯独炸香蕉再不曾吃过。直到前些年在"包整"看到菜单有此一味，赶紧点上，等到上桌，切作数段，配一碗红糖汁蘸食，味道还行，就是实在细细小小，较诸预期，大为缩水，顿觉意兴阑珊。

钱锺书先生有一句著名的妙语："我们对采摘不到的葡萄，不但想象它酸，也很可能想象它是分外的甜。"恨不听前贤之言，记忆中的美味，真吃到嘴，往往觉得不过尔尔，与其破坏这美好，不如就让它留存在记忆里好了。

后记

我写专栏，屈指算来，十八年矣。

从写球评开始，继而写书评、影评，再到写食评，看似口绽莲花，其实皆门外汉，负手旁观，随意指点，徒遭人厌。这次结集成书的几十篇文章，是我在"动静"客户端上所写的一个同名专栏，每周更新，未尝间断，两年来，拼凑出十几万字，重新剪裁、修订，辑为一册。即尽可能地照顾到地域，一些比较重要的黔味，也希望不要遗漏，这过程，跟做菜颇有些相近之处，荤素冷热、煎炒炖煮、硬菜小点……如何搭配适宜，不能不费些心思。

书名叫《逛吃贵州》，但是谁又能真正逛遍、吃遍呢？这片土地上，没去过的旮旮角角多了，说白了，囿于作者的见闻见识，挂一漏万，在所难免。换个角度说，犹有未至未知，也给了我继续逛下去、吃下去的动力。

然而众口难调，终归是个难题，有的是我未提及的贵州味，好在专栏还要写，尽有机会弥补遗憾。

感谢的话，还得说，不说便欠了礼数。

头一位，是贵州电视台的王丹女史，跟我二十余年好友，蒙她邀请开栏，得以延续我"吃货"的人设，而据说累积的粉丝数和阅读量已经不少，似乎不该辜负期待。另外，王丹的夫君杨胡子，是个时常在我文章里露面的角色，诸位读到他的故事，每每失笑，功劳该归在夫人的培养上，我不敢掠美。

当然还有"动静"的两位编辑，彭瑾和龙菊珍，没有她们两位操劳、督促，就没有这些文章呈献于此，更提醒和帮助我避免了很多常识性的错误。谢谢。

欧东衢、陈晓龙也是特别要提到的两位朋友，此书照片有一半以上出自二位之手。还有部分，来自高冰、黄震两位摄影师和微信朋友圈。已告的告谢，不告的告罪，这里一并先说后不怪。

孔学堂书局的苏桦、张发贤、陈真、张莹几位，促成了我这本破书能够跟其他几位作者的著述一起，组成一套《贵州杂谈》系列并出版，比较起来，我的文字最浅薄无聊，明显拖了后腿，谢谢你们的不嫌弃。

还有胡晓明兄，他是贵州人，师从我非常佩服的一位学界前辈王元化先生，留沪任教，因缘巧合，得以结识并一见如故。这套丛书需要一篇总序，想来想去，觉得晓明兄写最合适不过，电话打过去，他未曾犹豫便慨然应允，几经修改，最终定稿，可见郑重其事的态度。晓明兄研究古典文学，身上亦有古风,不单流露在文字里,更体现在为人处世。读这篇序言,更能感受到他的"乡思"难抑,我保证,下次回来,一定陪晓明兄好好吃两顿土菜。

限于篇幅,不能一一道谢,如有遗漏,万望海涵。

周之江

庚子冬月十六日